재밌어서 밤새 읽는
인체 이야기

OMOSHIROKUTE NEMURENAKUNARU JINTAI

Copyright ⓒ 2012 by Tatsuo SAKAI
Illustrations by Yumiko UTAGAWA
First published in Japan in 2012 by PHP Institute, Inc.
Korean translation rights arranged with PHP Institute, Inc.
through EntersKorea Co.,Ltd.

재밌어서 밤새읽는

인체 이야기

사카이 다츠오 지음 | 조미량 옮김 | 정성헌 감수

더숲

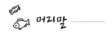

우리가 물체를 볼 때, 예를 들어 사과를 전구와 형광등은 물론 태양광 아래에서 보면 모두 빨갛게 보인다. 물리적으로는 보고 있는 물체에서 반사되는 빛이 바뀌기 때문에 다른 색으로 보여야 하지만, 실제로는 빛의 조건이 달라도 비슷한 색으로 인식되어 안정감이 느껴진다. 이를 '색의 항상성(color constancy)'이라고 한다.

이는 뇌가 조명과 필터의 색을 보정하기 때문이라 알려져 있다. 한 예로 물체와 나와의 사이에 빨간 필터가 있다면 뇌는 '빨간 필터가 있다'고 인식하고 색을 추측해 보정한다. 따라서 대상 물체 위에 색 필터가 있어도, 색의 항상성에 따라 전체적으로 올바른 색을 인식할 수 있다.

그러나 주변이 빨간색인 것에 영향을 받아 회색임에도 파랗게 보이는 경우가 있다. 이는 색 대비로 '빨간색과 보색인 초록색이 있다'고 뇌가 판단해서, 즉 뇌가 착각해서 생기는 현상이다. 이처럼 뇌가 착각하는 것을 '착시'라고 한다.

사실 면적이 클 때는 색의 항상성에 따라 색을 정확히 인식할 수 있지만, 면적이 작으면 이와 같은 현상이 일어난다.

이렇게 인체는 인간 자신이 가장 잘 알아야 하지만, 제대로 알지 못하는 영역이 무궁무진한 세계다. '인체는 작은 우주'라 할 만큼 신비롭다. 그리고 놀라울 정도로 정밀하므로 엄청난 기능을 지닌 컴퓨터에도 견줄 수 없을 만큼 복잡하다.

골격과 근육의 정확하고 부드러운 움직임, 이를 조종하는 뇌의 적절한 지시, 살아가는 데 필요한 물질을 외부에서 흡수하는 여러 내장기관 그리고 쉬지 않고 일하는 순환기 등 우리 몸 안의 기관들은 생명을 유지하기 위해 끊임없이 활동하고 있다.

이 책도 우리 몸의 뼈와 근육이 움직이기에 책장을 넘길 수 있다. 특히 엄지손가락은 다른 손가락과 달리 물건을 잡기 위한 근육이 8개나 붙어 있는 슈퍼 손가락이다. 이 구조는 인간만이 가진 것이다.

인간의 몸은 생명과 건강을 지키기 위해 그리고 몸을 마음대로 사용한 뒤 정상적인 상태로 되돌리기 위해 각각의 기관이 불철주야 묵묵히 움직이며 자신의 역할을 다하고 있다.

우리는 이렇게 기특한 몸에 관해 아무것도 모르는 것은 아닐까? 너무 무관심한 것은 아닐까?

먼저 자신의 몸을 살펴보자. 몸을 움직여보기도 하고 만져보기도 하면서 관찰해보자. 거기에는 인체를 지탱하는 치밀한 메커니즘이 숨겨져 있다. 그리고 생각지도 못했던 일을 해준다는 것을 깨닫게 될 것이다.

자신의 몸에 관해 알고 나면 감동하게 되고, 알면 알수록 인체의 깊이에 압도될 것이다.

인체를 아는 것은 자신을 알아가는 여행이다. 과연 모든 수수께끼를 풀고 나면 어떤 세계가 보일까?

이제부터 인체라는 작은 우주로 여행을 떠나보자.

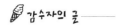

　몇 년 전에 전국 방방곡곡에서 열린 전시회 〈인체의 신비전〉
과 한 포털사이트에서 읽었던 인체 관련 내용들을 다시 한 번
생각해보았다. 다소 찬반 논란도 있었던 〈인체의 신비전〉은 내
용만 살펴보면 우리 몸을 구성하는 뼈, 장기, 뇌 등 인체의 많은
부분을 실제 인체, 설명, 사진, 마네킹 등으로 설명하고 있어 우
리 자신의 속 구조를 알아보고, 생명 존중에 대해 깊이 있게 생
각할 수 있도록 도와준 기회이기도 했다.

　우리의 몸은 어떤 물질들로 어떻게 이루어졌을까 하는 궁금
증은 누구나 한 번쯤은 가져봤을 것이다. 사람은 태어날 때 305

개의 뼈를 가지고 있으나, 커가면서 합쳐지면서 206개로 줄어든다. 뇌는 우리 몸무게의 2% 정도이지만, 뇌가 소비하는 산소의 양은 20%이며, 피의 15% 정도를 사용한다고 한다. 의학이 발전하면서 인체에 대한 많은 연구가 진행되고 있으며, 인체에 대한 많은 신비로움이 밝혀지고 있으니, 하나하나 알아가다 보면 정말 신비로울 것이다.

이 책은 학생들과 부모들, 교사들에게 많은 사랑을 받고 있는 '재밌어서 밤새 읽는' 시리즈 중의 하나다. 이 책 바로 전에 감수를 봤던『무섭지만 재밌어서 밤새 읽는 과학 이야기』가 무서운 '공포'를 주요 소재로 삼아 독자들에게 흥미를 준 것이라면 이 책『재밌어서 밤새 읽는 인체 이야기』는 우리가 쉽게 접하고, 느낌으로 막연하게 알고 있는 인체 관련 내용을 쉽고도 재미있게 엮어 놓았다.

1장 '신비로움으로 가득한 인체'에서는 위의 용량은 얼마일까? 대변은 음식물의 찌꺼기가 아니다, 소변의 색은 왜 다를까? 등 알 듯 말 듯한 주제를 선택하여 궁금한 내용을 명쾌하게 풀어주었다. 2장 '재밌어서 밤새 읽는 인체'에서는 검은 눈동자와 푸른 눈동자는 색이 다르게 보인다? 콧구멍은 왜 두 개일까? 병뚜껑과 나사를 오른쪽으로 돌리는 이유 등의 주제를 통해 신비로움으로 가득한 인체를 아이들을 위해 이해하기 쉬운 주변의 일들을 활용해 재미있게 서술함으로써 흥미를 더욱더 돋워준다. 마지막 부분인 '인체는 작은 우주'에서는 정소와 월경이야기, 남녀 성별은 어떻게 결정되나 등의 주제를 선정하여 인체의 가장 기본적인 부분을 이야기 형식으로 써내려가 쉽게 이해할 수 있도록 하였다.

물리 이야기를 쓰려고 기획했다가 여러 사정으로 미루고 있던 중에 기회가 되어 일본의 번역서인 '재밌어서 밤새 읽는' 시리즈를 접하게 되었고 이후 몇 권의 책을 더 감수하였는데, 어려운 내용을 쉽고 재밌게 풀어낸 흥미있는 시리즈라는 생각이 든다.

끝으로, 이 책을 감수하면서 아밀라아제를 아밀레이스, 모양체를 섬모체로 유스타키오관을 귀인두관으로 수정하는 등 부분적으로 현재 우리 교과서에서 사용하는 용어로 수정하였음을 밝혀둔다.

감천중학교 수석교사/이학박사 정성헌

신비로움으로 가득한 인체

재밌어서 밤새 읽는 인체

인체는 작은 우주

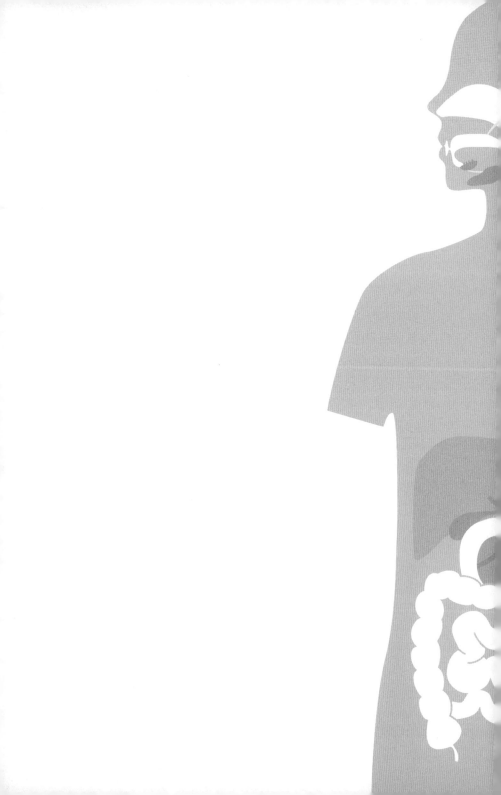

신비로움으로 가득한 인체

Part 1

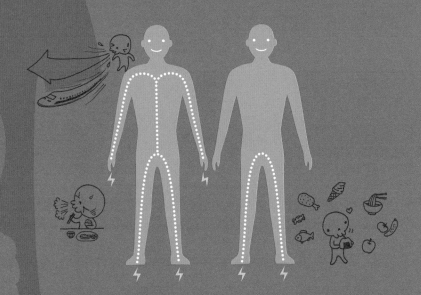

알면 알수록
말하고 싶어지는
인체 이야기 1

역도 선수는 왜 허리에 벨트를 찰까?

올림픽 종목 중 하나인 역도. 역도경기에 출전한 선수들을 보면서 '왜 허리에 벨트를 찰까?'라는 의문을 가진 사람이 있을 것이다.

무거운 것을 들어올릴 때 허리에 힘을 주게 되는데, 그렇게 해야 몸 전체에 더욱 강한 힘이 들어가기 때문이다. 이를 '배에 힘을 준다'라고 표현하며, 재채기나 기침을 할 때처럼 강하게 숨을 내뱉어야 할 때도 같은 동작을 취한다. 이때 배를 압박하는 압력을 '복압(복강 안의 압력)'이라고 한다.

역도 선수가 허리에 벨트를 차는 이유는 '복압을 높이기 위해서'다.

몸을 똑바로 세울 때 등뼈 뒤와 양쪽에 붙어 있는 장늑근, 최장근 등의 척추기립근이 움직이는데, 사실 복벽의 근육(복근)인 복직근, 외부사근 등의 움직임으로도 복압이 높아져 똑바로 설 수 있다.

복근에 힘을 주면 복압이 올라가면서 흉부도 올라가게 되어 똑바로 설 수 있게 된다. 즉, 허리에 벨트를 차면 복압이 더 높아져 자연스럽게 흉부가 올라가 서기가 편해진다.

그리고 복압은 허리를 보호하는 중요한 역할도 한다. 허리를 굽힌 상태에서 물체를 들어올릴 때 '지렛대의 원리'처럼 받침점으로 작용하는 허리에 큰 힘이 실린다. 이때 복압은 몸을 안쪽에서 받쳐줘 허리로 가는 부담을 줄인다. 그래서 벨트를 차면 허리까지 보호되는 것이다.

허리 통증을 예방하려면 복근을 단련하는 게 좋은 이유도 복근을 강화하면 '복압의 허리 보호 효과'를 볼 수 있기 때문이다.

 새끼손가락을 구부리면 왜 넷째손가락까지 구부러질까?

지금 새끼손가락을 한번 구부려보자. 그러면 옆에 있는

넷째손가락까지 구부러질 것이다. 이는 뇌에서 지령을 전달하는 신경이 작용해서 일어나는 현상이다.

새끼손가락을 구부리려고 하면 대뇌에서 척수로 "새끼손가락을 구부려!"라는 지령이 떨어진다. 척수 안에는 '회백질'이라는 신경세포가 모여 있어 이 지령은 회백질에서 나오는 신경을 거쳐 손가락을 움직이는 근육으로 전달된다.

하지만 새끼손가락에 지령을 전달하는 신경과 넷째손가락에 지령을 전달하는 신경은 같은 운동신경이다. 그리고 새끼손가락과 넷째손가락의 끝을 움직이는 근육도 딱 붙어 있다. 그래서 새끼손가락만이 아니라 넷째손가락까지 함께 구부러지는 것이다.

그래도 훈련하면 피아니스트처럼 새끼손가락과 넷째손가락을 따로따로 움직일 수 있다. 즉, 신경도 단련할 수 있다는 뜻이다.

참고로 엄지손가락을 움직이는 근육은 다른 손가락과는 달리 독립적이라 자유롭게 움직일 수 있다.

알코올을 마시면 왜 취하는 걸까?

기억하기 싫은 일을 잊고 싶은 건 당연하지만, 있었던 일을 기억하지 못한다면 무척 불안할 것이다. 그런데 왜 알코올을 많이 마시면 기억을 잃어버리고 마는 걸까?

맥주, 와인, 위스키 등 술을 마시면 술의 주성분인 알코올은 위에서 흡수되어 간으로 모인다. 간에서는 알코올 분해효소가 알코올을 '아세트알데히드'로, 더 나아가서는 '아세트산'으로 분해한다. 마지막으로 '이산화탄소'와 '물'이 되어 소변과 함께 배출된다.

그런데 간에서 처리할 수 없을 만큼 많이 마시면 알코올과 아세트알데히드가 전신을 순환해 뇌로도 가게 된다. 아세트알데히드는 포르말린과 비슷한 유해물질로 숙취의 원인이다.

뇌에는 '혈액뇌관문'이라는 이물질의 침입을 방지하는 방어시스템이 있다. 대부분의 물질은 혈액뇌관문에서 걸러지지만, 알코올과 같은 지용성 물질은 이 방어막을 뚫고 뇌에 침입한다.

물론 뇌에서 급하게 '알코올 탈수소 효소'가 알코올을 분해하지만, 분해 속도가 음주 속도를 따라잡지 못할 경우에는 신경전달물질에도 영향을 미쳐 정보처리 능력이 엉망이 된다. 이것이 '취한' 상태다. 이때 구토중추가 자극을 받으면 속이 메스꺼워 토하게 된다.

그리고 취해서 기억회로가 정상적으로 작용하지 않으면 지난밤 일이 기억나지 않는 상태가 된다. 숙취는 분해되지 않은 아세트알데히드가 몸 안에 남아 있으면 일어난다.

라면을 먹으면 왜 콧물이 나는 걸까?

라면은 국민 음식이라 할 만큼 우리가 자주 먹는 음식이다. 추울 때 먹는 라면은 특히 더 맛있는데, 정신없이 먹다보면 콧물이 흘러 곤란했던 적이 있었을 것이다.

콧물은 왜 나오는 걸까?

코는 냄새를 맡는 감각기관일 뿐만 아니라 공기를 흡입하는 호흡기관이기도 하다.

코 안에는 비강이라는 공간이 있고, 비강의 점막에서 점액이 분비된다. 점액은 호흡으로 들이마신 공기의 먼지와 이물질을 흡착해 공기를 정화한 다음에 폐로 보낸다.

그리고 폐를 적정한 온도와 습도로 유지하기 위해 코는 차가운 공기를 데우고 뜨거운 공기를 식힌다. 건조할 때는 습기를 더하는 '라디에이터'와 같은 역할도 한다.

코의 이런 기능은 라면을 먹을 때도 작용한다. 라면의 뜨거운 김은 코 안으로 들어가면 식어버린다. 수증기가 식으면 물이 되듯이, 코로 들어간 김도 식어서 결국 콧물이 되어 흘러나와 버린다.

그리고 뜨거운 음식을 입에 넣으면 열의 자극으로 코 안쪽 혈관이 확장된다. 그러면 혈액순환이 좋아져 코 점액이 과다하게 분비된다.

이런 두 가지 작용으로 라면이나 국수 같이 뜨거운 것을 먹으면 콧물이 흐른다. 참고로 오랜 시간 건조한 공기를 마시면 코 점막의 표면이 건조해져 흡착한 먼지와 이물질이 굳어지는데 그것이 '코딱지'다.

통증은 위험을 알리는 신호

몸 어딘가가 아프면 현재 하고 있는 일에 집중할 수 없 거나 만사가 귀찮아진다. 통증은 정말로 느끼고 싶지 않은 감각 이다. 하지만 우리가 통증을 느끼지 못한다면 어떤 일이 벌어질 지 한번 상상해보자.

통증이 없으니 상처를 방치해 곪게 되고, 뜨거운 것에 데어도 아무런 감각을 느끼지 못해 화상 정도가 더욱 심각해지는 등 여 러 가지 위험한 상황이 생길 것이다. 즉, '통증은 우리 몸의 위험 을 알리는 신호'인 것이다.

한편, 참을 수 없을 만큼 극심한 통증이나 만성적인 통증은 고 통을 동반하고, 가끔 정신도 힘들게 한다.

통증에는 피부나 근육, 뼈 관절에 일어나는 '체성통(體性痛)'과 위통이나 흉통과 같은 내장에 일어나는 '내장통'이 있다.

체성통은 허리가 아프거나 무릎의 관절이 아픈 것처럼 아픈 곳이 확실하다. 이에 비해 내장통은 아픈 곳이 확실치 않을 때가 많다. 예를 들어 맹장은 복부의 오른쪽 아래에 있지만 충수염(맹장염)이 되면 위에서 통증이 느껴지는 등 복부 위쪽으로 통증이 확산된다. 그리고 심근경색과 같은 심장의 통증은 왼쪽 어깨부터 팔까지, 담낭결석의 통증은 어깨 아래쪽에서 느껴진다.

이처럼 실제 병이 난 부위에서 멀리 떨어진 곳이 아프게 느껴지는 통증을 '관련통'이라고 한다. 이는 몸의 여러 부위에 대한 통증의 신호가 같은 신경경로를 지나 척수에서 뇌로 전해지기 때문이다. 즉, 통증의 신호가 혼선을 빚는 것이다. 빙수를 먹으면 머리가 아픈 것도 관련통과 관계가 있다.

통증에는 급성과 만성이 있다. 급성통은 이상을 알리는 신호로 날카로운 통증을 느낀다. 반면 통증이 4주 이상 계속되는 것을 '만성통'이라 하는데, 이는 위험을 알리는 신호가 아니다. 즉, 불필요한 통증이므로 적극적으로 없애야 한다.

그리고 느끼지 못할 통증이 느껴지는 경우도 있다. 사고나 당뇨병으로 어쩔 수 없이 팔이나 발을 절단했음에도 절단한 팔과 다리에서 통증을 느낄 때가 있다. 이를 '환지통(幻肢痛)'이라고 한다.

실제로 팔과 다리는 없지만 팔과 다리에서 감각신호를 받은 척수와 뇌는 존재한다. 강렬한 통증 신호로 척수세포의 반응성이 변조돼 과잉 흥분 상태가 지속적으로 일어나면 이 신호를 받는 뇌에서 통증을 느낀다.

머리는 왜 백발이 되는 걸까?

마리 앙투아네트(Marie Antoinette) 하면 하룻밤 새 백발이 되었다는 이야기가 떠오른다.

프랑스의 왕 루이 16세의 왕비였던 마리 앙투아네트는 1789년 프랑스 혁명 때 감옥생활의 스트레스와 단두대 처형의 공포 때문에 하룻밤 새에 백발이 되었다는 일화가 실화인 양 전해진다.

하지만 백발이 되는 원리를 알게 되면 위의 이야기는 일어날 수 없는 일임을 깨닫게 된다.

머리색은 머리카락에 있는 멜라닌 색소의 양으로 결정된다. 멜라닌 색소가 많을수록 흑발을, 적을수록 갈색을 띤다.

머리카락은 모근의 가장 끝에 있는 모모(毛母)라는 세포조직이 세포 분열을 반복해 성장하면서 길어진다. 머리카락의 성장이 멈추면 오래된 모근의 세포는 죽어서 자연스럽게 머리카락이 빠진다. 그러면 모모세포에서 다시금 세포 분열이 일어나고 새로운 머리카락이 자란다.

멜라닌 색소는 모근에서 머리카락과 함께 생성된다.

나이가 들면 신진대사량이 떨어져 모모세포에도 충분한 영양이 공급되지 않는다. 그러면 멜라닌 색소를 만드는 능력이 저하되고, 멜라닌이 있던 곳에 공간이 생겨 공기가 들어간다. 이 공간에 들어간 공기가 빛에 반사되어 하얗게 반짝이는 것이 백발이다.

　이렇듯 백발은 모근에서 시작되어 여러 과정을 거치므로 하룻
밤 새에 백발이 되는 것은 불가능하다.

호흡하고, 먹고,
목소리를 내는
만능 일꾼, 목

목을 나타내는 한자는?

목이라는 단어를 사전에서 찾아보자.

'咽(인)'이라고 되어 있는가, 아니면 '喉(후)'라고 되어 있는가?

사실 둘 다 목을 뜻한다.

목은 코 안쪽에서부터 기관이 시작된다. 병원의 여러 진료과 중에 이비인후과(耳鼻咽喉科)가 있는데 의학적으로 목은 인두와 후두, 둘로 나뉜다.

인두는 입으로 들어간 음식물과 공기를 분리해 식도와 후두로 보내는 통로의 교차점이기도 하다.

후두는 기관지의 입구다. 후두 안쪽 중앙 벽에는 좌우로 튀어나온 2장의 주름이 있는데, 이것이 성대다. 호흡할 때 성대 사이(성문)가 열리고, 목소리를 낼 때는 닫힌다.

이처럼 목은 호흡기일 뿐만 아니라 음식물이 지나가는 통로이자 목소리를 내는 기관이다.

 인간만 음식물이 목에 걸린다

인간 이외의 포유류의 인두는 교차점이 아니라 입체 교차로의 구조를 띠고 있다.

동물 인두의 연골은 인두 안에서 높게 튀어나와 코 안쪽 뒷부분에 들어가 있는 구조다. 코로 들어간 공기는 후두로 들어가고, 입으로 들어간 음식물은 식도로 들어간다. 즉, 공기의 통로(기도)와 음식물의 통로(식도)가 완전히 분리되어 음식물이 목에 걸릴 일이 없다.

이에 비해 인간의 후두는, 인두 안으로 조금 돌출되어 있을 뿐이다. 이처럼 기도와 식도가 같이 있어서 교통정리가 필요하다.

25쪽의 그림을 보자. 노선의 레일을 바꾸듯, 목 안의 연구개(입천장 뒤쪽의 연한 부분으로 여린입천장 또는 물렁입천장이라고도 한다.)와 후두개라는 두 개의 덮개를 열었다 닫았다 하는 방법으로 기도와 식도를

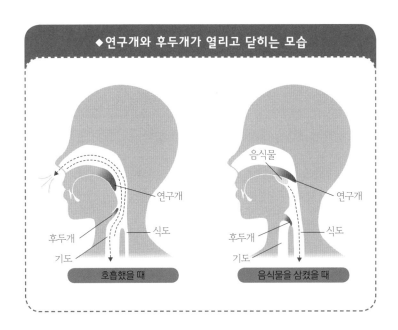

◆ 연구개와 후두개가 열리고 닫히는 모습

음식물

연구개

연구개

식도

식도

후두개

후두개

기도

기도

호흡했을 때

음식물을 삼켰을 때

확보한다.

예를 들어 음식물을 삼켰을 때를 살펴보면, 연구개가 안쪽 입천장 쪽으로 움직여 코와 인두 사이에 뚜껑을 덮고, 후두개가 후두의 입구에 뚜껑을 닫아 기도를 막는다. 호흡할 때는 연구개와 후두개가 반사적으로 기도를 확보해 혀가 올라가 입과 인두 사이를 막는다. 이렇게 두 개의 뚜껑으로 기도와 식도의 교통을 정리한다.

그런데 인간은 동물과 달리 기도와 식도가 교차점 구조이기 때문에 레일을 제대로 바꾸지 못해 음식물이 목에 걸리거나 기관지에 들어가 사레가 들리는 등 교통사고가 발생하기도 한다. 이때 어린이나 노년층에서 가끔 생명을 잃기도 한다. 그런 점에서 동물의 인두가 더 발달했다고 할 수 있다.

 '아담의 사과'의 정체

이런 위험이 있음에도 교차점 방식에는 굉장한 이점이 있는데, 그건 바로 '목소리를 낼 수 있다'는 점이다.

인간은 후두의 성대라는 주름을 진동시켜 음파를 만들고, 그 음파가 입이라는 공간에서 공명해 목소리가 나온다. 입을 거치지 않은 음파는 목소리가 되지 않는다.

후두를 통과해 나오는 공기가 다른 동물처럼 코로 향하면 성대에서 만든 공기의 진동을 입 안에서 공명시킬 수 없다. 인간의 목은 교차점 방식의 구조이므로 목소리를 낼 수 있으며, 그 결과 언어가 발달한 것이다.

참고로 성인 남성의 목 정면 중앙에 튀어나온 부분을 '아담의 사과(울대뼈)'라고 하는데, 이는 실제로 후두와 관계가 없다. 이것은 제2경추에 해당하는 목뼈로 후골 또는 결후라고도 하며 우리가 흔히 알고 있는 '목젖'과는 다른 것이다.

말하면서 음식을 삼킬 수 없다

기도와 식도가 교차점 방식인 인간의 목은 '음식물을 삼키면서' 동시에 '말할' 수 없다. 예의가 없는 행동이지만 음식물을 입에 넣고 씹으면서 말할 수는 있다.

하지만 씹은 것을 삼켜 식도로 음식물이 넘어가는 순간에는 말을 할 수가 없다. 말하려고 하면 음식물이 기도로 들어가 사레가 들리고 만다. 먹을 때와 말할 때를 구별해 빠르게 전환할 수는 있지만, 삼키는 순간은 기도가 막혀서 말할 수 없다.

이렇게 그때마다 바로 바꾸는 기능은 나이가 들면서 점차적으로 쇠퇴한다. 음식물이 기도로 넘어가 자칫하면 기도가 막힐 우려가 있으니 노년층은 주의하는 것이 좋다.

'우물우물' 거리는 동물은 포유류뿐

뱀이 사냥한 것을 통째로 삼키는 모습을 텔레비전 등에서 본 적이 있을 것이다. 뱀은 자신의 입보다 큰 사냥감을 입이 찢어질 정도로 벌려 집어넣고는 마침내 삼키고 만다.

뱀이나 악어와 같은 동물은 이로 잘라 입에 넣은 음식물을 입 안에서 씹을 공간이 없다. 그래서 통째로 삼킨다.

음식물을 입 안에서 '우물우물' 씹는 것은 포유류뿐이다.

인간의 선조라 여겨지는 생물은 파충류에서 포유류로 진화하는 과정에서 몸에 다양한 변화가 일어났다. 몸에 털이 났고 모유

수유를 하게 되었다. 게다가 체온이 상승함에 따라 활동적으로 움직일 수 있게 되었고, 네 발로 기어다니다가 직립해 걷게 되었다. 양손을 자유롭게 움직이면서 도구를 사용할 줄 알게 되었다.

이런 많은 변화 중에서도 '씹는 것'의 의미는 가장 중요하다.

입 안에서 음식물을 '우물우물' 씹기 위해 포유류는 입에 넓은 공간을 확보했고, 그에 따라 위로는 입천장인 구개가 발달하고 입안의 양쪽 벽으로는 볼이 생기고 입술도 발달했다.

 침은 음식물을 씹어서 삼키는 데 도움을 준다

잘게 씹은 음식물을 삼키려면 적당한 수분이 필요하다.

음식물에 수분을 공급하는 것은 침이다. 인간의 입 안에는 '이하선' '악하선' '설하선'이라는 세 개의 큰 침샘이 있다.

이를 3대 침샘이라 부른다.

이하선은 볼 안쪽의 점막에 있으며, 악하선과 설하선은 혀와 입이 연결된 부분의 양옆에 있다. 이렇게 3대 침샘이 있는 것은 포유류뿐이다.

음식물을 씹을 때 침이 섞이면 침에 함유된 소화효소가 작용한다. 침에는 아밀레이스와 같은 소화효소가 함유되어 있지만 실제로는 소화에 도움이 되지 않는다. 음식물을 꼭꼭 씹더라도 몇 초 만에 삼켜버리기 때문이다. 삼킨 음식물이 위에 들어가면 위액 때문에 소화효소가 제 기능을 발휘할 수 없다.

사실 침의 역할 중 가장 중요한 것은 음식물의 성분을 녹여 '맛을 느끼게' 하는 것이다. 소화효소는 탄수화물을 분해해 당을 만든다. 그래서 밥을 씹을 때 단맛이 느껴지면서 미각이 자극되는 것이다.

꼭꼭 씹어 먹으면 재료 본연의 맛을 즐길 수 있는 이유가 여기에 있다.

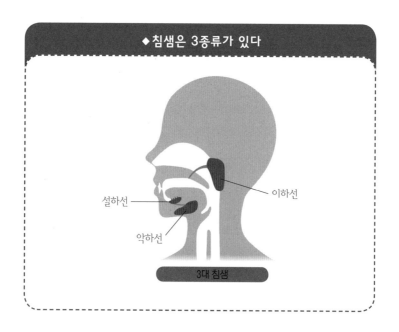

◆침샘은 3종류가 있다

설하선
악하선
이하선

3대 침샘

포유류의 치아에는 특유의 장치가 있다

어떤 동물이든 치아를 갖고 있다.

그중에 포유류는 치아가 진화함에 따라 특유의 장치를 얻게 되었다. 바로 각각의 치아가 하는 일이 다르다는 점이다.

인간의 치아는 어린이가 20개, 성인이 32개로 정해져 있다. 치아의 형태에 따라 명칭이 달라지는데, 야채나 과일을 자르는 가위 같은 역할을 하는 것을 '앞니', 고기를 자르는 칼 같은 역할을 하는 것을 '송곳니', 씹은 음식물을 가는 절구 같은 역할을 하는 것을 '작은 어금니'와 '큰 어금니'라고 한다.

치열을 상하좌우로 나눠서 살펴보면 각각 두 개의 앞니, 한 개의 송곳니, 두 개의 작은 어금니와 세 개의 큰어금니가 있다. 단, 아이에게는 큰어금니가 없다.

이처럼 포유류의 치아는 사용 용도별로 종류가 나뉘어 있다. 또한 육식 동물과 초식 동물에 따라 치아 형태가 다르다.

그런데 포유류 이외의 척추동물은 치아의 형태가 여러 가지로 나뉘어 있지 않다.

한 예로 악어의 입 안에는 원뿔형의 치아가 쭉 늘어서 있을 뿐이다. 그래서 먹잇감을 물 수는 있지만 씹을 수는 없다.

다시 말해 포유류는 씹는 것이 가능하므로 다양한 음식물을 먹을 수 있게 되었다. 먼 옛날 공룡이 사라진 후 지구에서 포유류가 눈에 띄게 성장하고 발전할 수 있었던 것은 이와 같은 구강 구조가 진화한 덕분이다.

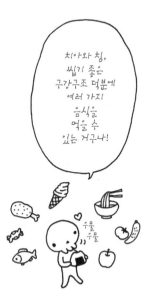

치아와 침,
씹기 좋은
구강구조 덕분에
여러 가지
음식을
먹을 수
있는 거구나!

우물
우물

체내의 음식물이 썩지 않는 이유

인간의 체온은 약 36~37℃다. 이는 표면의 온도니까 체내 온도는 1℃ 정도 높다. 마치 푹푹 찌는 여름날과 같은 상태다. 한여름에 음식물 쓰레기를 바깥에 방치하면 썩은 냄새가 진동한다. 그런데 몸속에 들어간 음식은 왜 부패하지 않을까?

음식물은 먼저 식도에서 위로 들어간다. 위의 점막에서는 위액과 소화효소가 분비된다. 많은 사람이 '위에서 소화 흡수하는 것'이라고 생각하는데, 실상은 다르다. 위는 음식물의 단백질을 잘게 부술 수는 있지만, 위 점막이 흡수할 수 있을 만큼은 아니다.

단백질을 아미노산으로 분해해 점막에서 흡수시키려면 췌장에서 분비되는 췌액과 장의 점막에서 분비되는 장액에 함유된 소화효소가 필요하다. 따라서 위의 점막에서 분비되는 위액과 소화효소가 없어도 소화와 흡수가 가능하다.

그렇다면 위는 왜 필요한 것일까?

사람에게 위가 필요한 이유는 위를 절제한 사람의 이야기를 들어보면 알 수 있다. 그들은 "밥을 한꺼번에 많이 먹을 수 없게 되었다"라고 입을 모아 말한다.

위의 용량은 1,200~1,600mL로 맥주 2병에 해당한다. 즉 '많은 음식물을 일시적으로 저장하는 것'이 위의 역할이라 할 수 있다.

그런데 37℃의 체온에서 음식물을 저장하는데도 위로 들어간 음식물은 부패하지 않는다. 위에서 위액과 소화효소가 분비되기 때문이다. 위액에 함유된 위산과 소화효소인 펩신이 음식물의 단백질을 토막내고 강력한 살균소화 작용으로 부패와 같은 화학변화를 막는다.

실제로 강력한 산성을 띠는 위액에서 살아남을 수 있는 세균은 거의 없다. 단지 헬리코박터균(헬리코박터 파일로리)은 예외로, 이 균은 위궤양의 원인이 된다.

◆위의 용량은 맥주 2병 정도

용량: 1,200~1,600mL

병 1개의 용량: 633mL

정말로 '위에 구멍'이 날까?

위액에 함유된 염산은 피부가 짓무를 정도로 강한 산성이다. 하지만 위의 점막에서 위를 보호하기 위한 특수 점액도 분비되므로 위 자체가 소화되는 일은 없다.

그러나 위액은 자율신경이 제어하고 있어 스트레스의 영향을 받기 쉽다. 자율신경이 제대로 작용하지 않으면 위를 보호하는 점액이 잘 분비되지 않아 염산을 함유한 위액 때문에 위 내벽이 녹을 수 있다. 내벽이 녹으면 위에 구멍이 난 듯한 형태를 띠므로 위에 구멍이 났다고 표현하며, 이 상태가 위궤양이다.

하지만 소화기는 생명을 유지하는 데 필요한 기관이라 다른 조직에 비해 세포의 소멸과 생성 주기가 짧다. 위의 점막은 약 3일, 소장은 약 하루 만에 세포가 교체된다.

그래서 엄청난 스트레스를 받아 하루 만에 위궤양이 되었다가도 스트레스에서 해방되자마자 위 내벽이 회복되는 경우도 있다.

배는 왜 고픈 걸까?

위벽은 가로, 세로, 사선으로 늘어났다 줄어드는 삼층 근육으로 이루어져 있다. 밥을 먹으면 근육이 늘어나고, 그 자극이 신경을 통해 뇌로 전달되어 배가 부르다고 느낀다.

이와 반대로 위에 음식물이 소화되어 사라지면 위벽의 근육이 신경을 통해 이를 전달하고 배가 고프다고 느끼게 된다.

영양소를 함유한 음식물을 섭취하면 위장에서 소화 흡수되어, 마지막에는 세포 활동에 사용된다. 이 영양소를 전부 사용하면 배가 고파지고 그때 다음번 식사를 하게 된다.

신기하게도 공복감은 위에서만 느껴지는 것이 아니다.

영양소의 흐름을 살펴보면 영양소가 일시적으로 저장되는 곳은 위와 간이다.

뇌는 위와 간의 영양소 저장 상태를 감지하고 배가 고프다고 판단한다. 그럼 간이 '공복을 느낀다'는 말은 무슨 뜻일까?

식사로 섭취한 탄수화물은 소장에서 포도당으로 분해되어 혈액에 방출된다. 혈액의 포도당 농도(혈당치)를 일정하게 유지하기 위해 남은 포도당은 간에서 글리코겐으로 바꿔 저장한다.

그리고 시간이 지나서 혈당치가 낮아지면 간에서 글리코겐을 포도당으로 되돌려 혈액으로 방출한다. 그러고 나서 혈당치를 일정하게 유지하는 역할도 한다.

특히 뇌의 신경세포는 포도당에 의지해 활동하기 때문에 혈당치 변화에 매우 민감하다.

배가 고프면 머리가 멍해질 때가 있다. 혈당치가 낮아져 뇌가 공복을 느끼는 것이다. 이때 초콜릿을 조금 먹으면 머리가 맑아지는데, 이는 저혈당이 회복되어 신경세포에 에너지를 보냈기 때문이다.

위는 믹서기, 소장은 주서기

과일로 주스를 만들 때 우리는 믹서기나 주서기를 사용한다. 믹서기는 과일과 채소를 잘게 잘라 질퍽한 액상으로 만드는 것으로 그렇게 만든 주스에는 식이섬유가 함유되어 있다.

그러나 주서기는 과즙만 짜고 식이섬유를 걸러낸다.

위는 믹서기와, 소장은 주서기와 비슷하다.

위는 음식물을 잘게 부숴 질퍽한 죽처럼 만드는 믹서기의 기능을 하고, 소장은 몸에 필요한 영양소를 흡수해 남은 것을 대장으로 보내는 주서기의 기능을 한다.

그리고 대장에서는 수분을 더욱 빨아들여 대변의 형태를 만들어 항문으로 배설한다.

그렇다면 음식물에서 영양분을 빨아들이고 남은 찌꺼기가 대변일까?

대변에는 여러 물질이 담겨 있다. 식사로 섭취한 음식물에는 소화관을 통과하는 동안 소화효소 등 다양한 물질이 첨가된다. 그리고 소화 작용뿐만 아니라 화학 변화도 일어난다.

먼저 수분의 양을 살펴봐도, 밥을 먹고 음료수 등을 마셔 입으로 들어가는 수분은 하루에 2L 정도다. 여기에 침, 위액, 장액 등 수분이 약 7L나 추가된다.

즉, 위장에 있는 수분의 양은 총 9L가 된다. 그 대부분은 영양소와 함께 소장에서 흡수되고, 대장에는 겨우 1.2L 정도만 가게 된다.

다음으로 소화관에서 더해지는 성분 중에 수분과 소화효소를 제외한, 매우 중요한 것이 두 종류가 있다. 그중 하나가 담즙인데, 담즙은 지방의 소화를 돕는 소화액으로 잘 알려져 있다. 그러나 담즙의 성분에는 오래돼서 파괴된 적혈구의 색소로 만들어진 빌리루빈(노란색)이나 콜레스테롤에서 만들어진 담즙산 등 여러 가지 물질이 함유되어 있다. 이렇게 필요 없어진 물질을 장에 버리는 것이 담즙의 역할이다.

◆음식물이 대변이 될 때까지

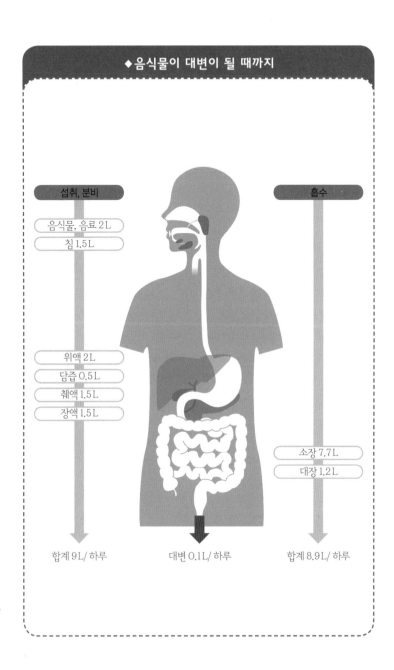

섭취, 분비

음식물, 음료 2L
침 1.5L

위액 2L
담즙 0.5L
췌액 1.5L
장액 1.5L

흡수

소장 7.7L
대장 1.2L

합계 9L / 하루

대변 0.1L / 하루

합계 8.9L / 하루

다른 하나는 장벽에서 떨어진 상피세포다. 매일 200~300mL 의 상피세포가 장벽에서 떨어져나간다.

음식물이 소화관을 지나가는 속도는 일정치 않다. 식도에서 위까지는 상당히 빠르고, 위 다음부터는 느리게 지나간다. 마지막으로 대변이 될 때까지는 하루에서 길게는 며칠이 걸린다. 앞의 그림을 참고하자.

대변은 왜 냄새가 날까?

대변은 냄새나고 더럽다고 인식하는 것이 일반적이다. 그래서 대화중에, 특히 식사 시간에는 대변 이야기를 하지 않는 것이 예의다. 그러나 대변은 배출되지 않으면 건강에 이상이 생길 정도로 매우 중요한 것이므로 절대 가볍게 여겨서는 안 된다.

음식물을 섭취하면 수분과 소화효소 이외에 장벽의 상피세포와 담즙 등이 더해지고, 주로 소장에서 소화와 흡수가 이루어진다. 그리고 남은 성분이 대장으로 이동해 대변의 원형이 된다.

대장으로 간 대변의 원형이 제대로 된 대변이 되려면 두 번의 중요한 과정을 거쳐야 한다.

하나는 대장에 살고 있는 장내세균이 작용해 남은 영양소를 분해하는 것이다. 이때 발생하는 가스가 바로 방귀다.

특히 아미노산의 일종인 트립토판이 장내세균으로 분해되어 생기는 스카톨(skatole)과 인돌(indole)이 냄새를 일으킨다. 즉, 대변과 방귀에서 냄새가 나는 이유는 장내세균이 작용하기 때문이다.

또 다른 하나는 대장에서 대변의 원형에 남아 있는 수분을 더 흡수해 딱딱한 대변을 만드는 것이다. 소장에서 대장으로 올 때 수분이 1.2L 정도 남아 있는데, 이 상태로 항문을 통해 배출되면 설사가 된다. 그래서 대변의 원형을 항문으로 이동시키는 동안 수분을 흡수한다. 대변을 참으면 지나치게 수분이 흡수되어 딱딱해지므로 배출하기가 어렵다. 이런 상태가 오랫동안 지속되는 것을 변비라고 부른다.

 ## 참은 방귀는 어떻게 될까?

방귀를 참는 사람도 많을 거라 짐작되는데, 방귀를 참으면 몸속에서 어떤 변화가 일어날까?

참은 방귀는 대장으로 흡수되어 혈액에 들어간다. 그리고 몸 안을 돌아 일부는 소변에 녹아들거나 날숨을 통해 입으로 나간다.

체내를 한 번 돌았기 때문에 방귀는 아니지만, 입을 통해 나갔을 때 가끔 냄새가 나기도 하니 주의하자.

소변의 색은
왜 다를까

소변은 어떻게 나오게 되는 걸까?

기분이 좋아 맥주를 많이 마시면 화장실에 자주 가게 된다. 그리고 여름에 운동을 해서 땀을 많이 흘린 후에는 짙은 색의 소변이 조금 나온다.

이처럼 상황에 따라 배설되는 소변의 색과 양이 다르다.

소변은 신장에서 만들어진다. 신장은 몸의 좌우에 각각 1개씩 있는데, 2개를 합한 무게는 300g 정도다. 크기는 작지만 심박출량(심장이 1분 동안 박출하는 혈액용량)의 20% 이상 흐르는 장기다.

신장의 기능은 몸 안에 필요 없는 것을 소변으로 만들어 배설하는 것이다. 이렇게 중요한 기능을 하는 신장에 대해 대부분의 사람들은 단지 소변을 만들어 밖으로 버리는 장기라고 생각한다.

신장이 소변을 만드는 이유는 체액의 항상성(homeostasis)을 유지하기 위해서다. 이처럼 호흡과 혈액순환 등은 전신의 세포가 살아가기 위해서 반드시 이루어져야 하는 일이다. 항상성을 유지하기 위해서는 체액의 양과 성분이 일정해야 하는데, 호흡기와 순환기는 물론 소화기도 여기에 절대로 관여하지 않는다.

체액의 양은 순환하는 혈액의 양과 관련이 있다. 너무 많으면 고혈압이 되고, 너무 적으면 순조롭게 순환되지 않는다. 그리고 체액은 세포가 살아가는 환경이기도 하므로 성분이 변하면 세포가 움직일 수 없게 되어 죽고 만다.

이렇듯 민감한 체내 환경의 항상성을 신장이 단독으로 책임진다. 책임감이 강한 신장은 자신의 임무를 완수하기 위해 체액에 변화가 생기면 순환기의 혈압을 올리도록 지시하고, 체액의 양을 늘리는 호르몬을 분비하도록 지시한다.

신장은 수분과 염분을 조절한다
체액의 양과 성분을 일정하게 유지하기 위해서는 수분과 염분의 배출량과 섭취량에 균형을 맞추는 것이 중요하다.

체내의 염분 농도는 생명을 유지하는 데 중요한 요소다. 혈액에는 칼륨이 거의 없고 나트륨의 농도는 0.9%로 일정하다. 이 농도 수치가 높거나 낮으면 세포는 살아갈 수 없다.

'체내에 주입해도 좋은 염분 농도'도 0.9%로, 생리식염수의 염분 농도와 똑같다.

잘못해서 체내에 염화칼륨을 주입하면 곧 사망하게 된다. 칼륨은 혈액 내에서 절대로 증가해서는 안 되는 성분이다.

살아 있는 세포는 반드시 세포 밖에 나트륨이 있고, 세포 안에는 칼륨이 많은 상태를 유지한다. 따라서 세포막에는 두 종류의 생명유지 장치가 있다.

하나는 나트륨 펌프다. 세포가 활동하면 세포 밖의 나트륨이 들어와 세포 내에 나트륨이 약간 많아진다. 이때 나트륨 펌프는 ATP(Adenosine triphosphate, 아데노신삼인산)라는 분자를 분해해 그 에너지를 이용해 나트륨을 세포 바깥으로 내보내고 칼륨을 세포 안으로 되돌린다.

다른 하나는 칼륨 채널이다. 세포 내 칼륨이 늘어나면 그 농도 차로 칼륨의 일부를 세포 바깥으로 내보내는 장치다.

체내의 염분 농도가 일정하게 유지되어야만 세포가 생존할 수 있다. 이처럼 체내 항상성을 유지해 세포가 살 수 있는 환경을 만드는 책임자가 신장이다. 이런 의미에서 신장이 생명을 지탱하고 있다고 해도 과언이 아니다.

물이나 주스를 많이 마시면 몸속에 들어간 많은 수분 중에 불필요한 양을 버리기 위해 30분 후에 화장실에 가도록 신장이 조절한다.

그리고 땀을 흘렸을 때는 체내의 수분이 줄어들어 염분 농도가 높아지기 때문에 소변의 양을 줄이고 염분 농도가 진한 소변을 소량 배설하도록 조절한다. 염분이 배설되면 체내의 염분 농도가 낮아진다.

반대로 염분을 많이 섭취하면, 즉 짠 음식을 많이 먹으면 신장은 염분을 배설한다. 이때 신장에서 염분이 배설되기까지는 며칠이나 소요된다.

염분이 체내에 쌓이면 염분 농도를 일정하기 유지하기 위해 체액의 양이 늘어나 몸이 붓게 된다. 게다가 신장이 내보내는 혈액양도 늘어나 혈압이 올라간다. 그러므로 고혈압 환자는 염분을 제한하는 식이요법을 해야 한다.

소변이 노란 이유

소변에는 '이 정도의 성분으로, 이 정도의 양을 만들면 된다'라는 기준치가 없다. 신장의 우수한 기능 덕분에 상황에 따라 성분과 양이 달라지기 때문이다.

규칙적으로 생활하면서 알게 되는 대략적인 양을 정상치라고 할 수 있으며, 이 정상치에서 벗어나면 몸에 이상이 있다고 판단할 수 있다. 하지만 소변의 색을 건강의 판단 기준으로 삼기에는 다소 무리가 있다.

소변을 맛보면 살짝 짠맛이 느껴지는데, 염분이 녹아 있기 때문이다. 소변의 성분은 약 95%가 수분이고 나머지 5%는 고형 물질로, 거기에는 신진대사에 사용되고 남은 단백질의 찌꺼기, 즉 암모니아, 나트륨, 칼륨, 비타민, 호르몬 등이 포함되어 있다. 따라서 건강한 사람의 소변에는 단백질이 함유되어 있지 않다.

신장 기능이 정상적으로 작용할 경우 단백질은 신장의 여과장치인 사구체에서 걸러진 후 세뇨관에서 재흡수된다. 그리고 혈액으로 되돌려져 다시 이용된다. 사구체에서는 분자량이 작은 무기염류, 아미노산, 포도당, 요소, 물 따위가 여과되며, 적혈구, 단백질, 지방 등과 같이 분자량이 큰 물질은 여과되지 못하고 재이용된다. 그러나 신장의 기능이 저하되면 단백질이 재흡수되지 않고 소변에 섞이게 된다.

이외에도 격렬하게 운동한 직후나 감기 등으로 고열 상태일 때도 소변에 단백질이 섞일 수 있다. 소변검사 결과 소변에서 단백질이 검출되었다는 말을 들었다면 한 번 더 정밀하게 검사하는 편이 좋다.

그리고 소변이 노란색을 띠는 이유는 '우로빌린(urobilin)'이라는 색소 때문이다. 우로빌린은 대변의 색과 같은 빌리루빈(bilirubin)의 색에서 유래했다. 빌리루빈은 오래돼서 파괴된 적혈구의 색소로 노란색을 띤다. 장내세균에 의해 분해된 빌리루빈은 우로빌리노겐으로 변화하고, 간에서 신장으로 배출될 때는 우로빌린으로 변화한다. 아무리 변화해도 기본 성분이 노란색이라 소변도 노란색을 띠는 것이다.

뇌세포가 회색이라고?

"회색의 작은 뇌세포를 움직여라."

이는 추리소설가 애거서 크리스티(Agatha Christie)의 작품에 등장하는 명탐정 에르퀼 푸아로가 사건을 파헤칠 때 입버릇처럼 하는 말이다.

실제로 뇌세포는 회색을 띠고 있다. 뇌를 구성하는 성분은 회백질과 백질이다. 회백질은 신경세포가 모인 것이고, 백질은 신경섬유가 모인 것이다. 뇌조직의 단면을 육안으로 관찰하면 백질은 이름대로 흰색을 띠고 있다.

백질에는 전기를 차단하는 절연피막이 신경섬유를 감싸고 있는데, 이 막이 인지질, 즉 지방이기 때문에 흰색을 띤다. 뇌의 신경섬유는 절연피막으로 싸여 있어서 신경의 정보전달 속도를 높인다.

뇌의 신경섬유는 전기 신호로 정보를 전달한다.

그 자극을 받았을 때 51쪽의 아래 그림과 같이 옆에서 옆으로 물결이 일 듯 연속으로 전달해서는 빠르게 정보를 전달할 수 없다.

그래서 위의 그림처럼 부분적으로 절연피막을 사용해 감싸고, 절연피막이 없는 부분으로 점프해 점점 빨리 자극을 전달하는 것이다.

이를 '도약전도'라고 한다. 도약전도는 정보를 빨리 전달해야 하는 중추신경계에서 이루어진다. 이에 비해 말초신경계에는 절연피막으로 감싸여 있는 부분과 그렇지 않은 부분이 섞여 있어 전도가 느리다.

뇌와 척수는 회백질과 백질로 구성되어 있다. 회백질의 신경세포 집단 중에서 뇌 표면에 모여 있는 부분이 피질이다. 표면에 신경세포가 모여 회백질을 만드는 곳은 대뇌와 소뇌뿐으로 나머지 부분의 표면에는 회백질이 모여 있지 않다.

뇌피질은 두께가 2~4mm다. 대뇌 전체에 약 140억 개의 신경세포가 모여 주름을 형성했기 때문에 표면적이 넓다. 대뇌피질의 주름을 펼치면 신문지 한 장 정도의 크기가 되는데, 인간은 이 대뇌피질을 통해 언어를 말하거나 창조하는 등 고도의 정신 활동을 영위하고 있다.

명탐정 푸아로는 대뇌피질을 완벽히 가동해 추리한다는 뜻으로 그렇게 말했을 것이다.

단, "뇌의 주름수가 많으면 머리가 좋다"라는 말은 속설일 뿐이다. 대뇌피질의 주름수와 명석함에는 아무런 관련이 없다.

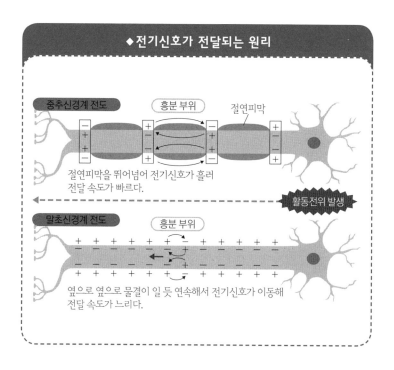

◆전기신호가 전달되는 원리

중추신경계 전도   흥분 부위   절연피막

절연피막을 뛰어넘어 전기신호가 흘러 전달 속도가 빠르다.

활동전위 발생

말초신경계 전도   흥분 부위

옆으로 옆으로 물결이 일 듯 연속해서 전기신호가 이동해 전달 속도가 느리다.

뇌 자체는 통증을 느끼지 못한다

뇌를 구성하는 것은 신경세포와 신경섬유다.

뇌는 두부처럼 부드러워 안쪽에는 연막, 지주막, 경막이 세 층으로 감싸고 있고, 바깥쪽에는 단단한 두개골이 뇌를 보호하고 있다. 연막과 지주막 사이에는 뇌척수액이 있고, 이 액체에 뇌가 떠 있다. 이것은 진동으로 발생하는 충격을 흡수하는 역할을 하는데, 이것 덕분에 뇌가 약간의(심한 충격이 아니라) 충격을 받아도 끄떡없는 것이다.

그렇지만 심한 충격을 받거나 건강에 이상이 있을 때는 '통증'을 느낌으로써 위험을 감지하고 뇌를 보호해야 한다. 뇌와 척수를 합쳐서 중추신경계라고 부르는데, 이 중추신경계는 통증을 포함해 몸의 다양한 감각을 느끼는 부위다.

그러나 뇌와 척수 자체는 통증을 전혀 느끼지 못한다. 즉, 바깥쪽에서 뇌를 보호하는 구조이기 때문에 뇌가 파괴되거나 병에 걸릴 거라 의심하지 않는다. 단, 뇌 바깥쪽을 감싸는 경막에는 말초신경이 모여 있어 통증을 느낄 수 있다. 뇌에 종양이 생겨 압력이 높아지면 경막에 '수막자극증상'이 나타나 통증을 느끼게 된다.

실제로는 뇌뿐만 아니라 뼈의 구조도 이런 식으로 이루어져 있다. 뼈의 표면은 '뼈막'으로 둘러싸여 있고 여기에는 통증을 느끼는 신경과 혈관이 지나간다. 하지만 뼈 안에는 통증을 느끼는 장치가 없다.

뼈는 몸을 지탱하는 중요한 부분이다. 뼈가 부러지면 아픈 이유는 뼈의 표면에 위험을 알리기 위해 통증을 느끼는 감각이 있기 때문이다.

 ### 빙수를 먹으면 관자놀이가 찡하고 아픈 이유

빙수처럼 차가운 걸 먹으면 관자놀이가 아파온다. 이 통증을 '아이스크림 두통'(다른 이름으로 Brain Freeze 또는 cold-stimulus headache라고도 함-옮긴이)이라고 하는데, 무척 재밌는 이름이지만 엄연한 의학용어다. 그런데 이처럼 두통을 느끼는 원인이 의학적으로 아직 밝혀지지는 않았다. 현재 연구가 한창 진행중이며, 두 가지 추측이 설득력을 얻고 있다.

먼저, 입 안에 차가운 자극이 강하게 전달되면, 목을 통과할 때 위턱 안쪽의 3차신경(얼굴의 감각 및 일부 근육 운동을 담당하는 제5뇌신경-옮긴이)에서 뇌로 '차갑다'가 아니라 '아프다'라는 정보가 전달되기 때문이라는 설이 있다.

그것도 통증을 느끼는 곳이 입이 아니라 관자놀이로 잘못 전달된다는 것이다. 말하자면 '관련통'이 일어난다는 뜻이다. 이것은 이미 살펴보았듯이 전달하는 과정에서 혼선이 빚어져서 생기는 현상이다.

또 다른 하나는 차가워진 입 안을 따뜻하게 만들려면 혈액량을 늘려야 하는데 그렇게 하기 위해 뇌의 혈관이 확장되어 일시적으로 가벼운 염증이 발생하기 때문이라는 설이다.

그런데 뭔가 이상하지 않은가?

이름은 '아이스크림 두통'인데 잘 생각해보면 아이스크림을 먹었을 때보다 빙수를 먹었을 때 머리가 아프지 않았는가? 그것은 빙수보다 아이스크림의 온도가 더 낮지만, 아이스크림에는 지방이 많이 함유되어 있어 차가움이 덜 느껴지기 때문이다.

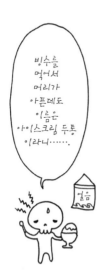

혈액형의 기본형은 O형?

 적혈구의 형태는 세 종류인데 혈액형은 네 종류?

혈액형으로 성격을 파악하는 이야기가 가끔씩 화제로 떠오른다.

"혈액형이 뭔가요?"

처음 만나는 사람끼리도 같은 혈액형이라는 사실을 알게 되면 친근감을 느낀다. 인간관계를 넓히는 데 혈액형 이야기가 효과적일 수도 있다. 그러나 의학적으로 혈액형과 성격은 아무런 관련이 없다. 그렇지만 대화의 주제로 삼을 만큼 혈액형은 우리에게 친숙한 존재다.

혈액형은 멘델의 법칙에 따라 부모에게서 유전되었다. 멘델의 법칙은 '부모의 형질은 유전으로 규칙에 따라 자녀나 손자에게 전해진다는 법칙'이다.

그럼 57쪽의 그림을 살펴보자. A형의 유전자형에는 'AA'와 'AO'가 있고, B형에는 'BB'와 'BO'가 있다. 그러나 O형은 'OO', AB형은 'AB'밖에 없다.

그래서 만약 부모가 모두 A형이라도 'AA'와 'AA'가 만났다면 자녀는 A형이지만, 부모가 'AO'와 'AO'라면 자녀의 혈액형이 A형과 O형이 될 가능성이 있다.

ABO식 혈액형은 적혈구의 세포막 표면에 있는 '당쇄(糖鎖, 당질이 철사처럼 이어져 있는 것. 당사슬이라고도 함-옮긴이)'로 결정된다.

적혈구의 세포막 표면의 당쇄는 세 종류다. 그런데 혈액형은 A, B, O, AB, 네 종류로 알려져 있다. 그 이유는 무엇일까?

먼저 O형의 당쇄는 'H형 물질'이라 불린다. H는 Human(인간)을 뜻하며 모든 혈액형의 당쇄에 붙어 있다.

이 H형 물질의 끝에 'A형 물질(A항원)'이라 불리는 당이 붙어 있는 것이 A형이다. 그리고 H형 물질의 끝에 'B형 물질(B항원)'이라는 당이 붙어 있으면 B형이 된다.

단 AB형의 경우 AB형의 당쇄가 없다. A형 물질과 B형 물질(A항원과 B항원), H형 물질의 세 종류가 부착되어 있다. 이렇게 생성된

◆ABO식 유전자형 표

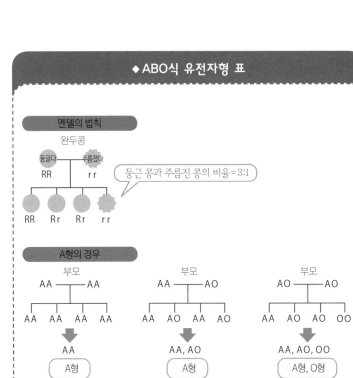

멘델의 법칙

완두콩

둥글다 ── 주름졌다
RR ── rr

RR Rr Rr rr

둥근 콩과 주름진 콩의 비율=3:1

A형의 경우

부모
AA ── AA

AA AA AA AA
↓
AA
A형

부모
AA ── AO

AA AO AA AO
↓
AA, AO
A형

부모
AO ── AO

AA AO AO OO
↓
AA, AO, OO
A형, O형

혈액형 유전의 원리

아이 부모		O	A	B	AB
		태어날 아이의 혈액형			
O	O	●			
O	A	●	●		
O	B	●		●	
O	AB		●	●	
A	A	●	●		
A	B	●	●	●	●
A	AB		●	●	●
B	B	●		●	
B	AB		●	●	●
AB	AB		●	●	●

네 종류의 당쇄 형태가 ABO식 혈액형이다.

혈액형은 적혈구뿐만 아니라 각 장기의 세포 표면과 위액, 정액 등의 분비물에도 존재한다. 즉, 혈액형은 단순히 혈액의 형태를 나타내는 것이 아니라 세포의 형태를 나타내기도 한다.

그렇다면 당쇄는 왜 존재할까?

인간은 약 60조 개의 세포로 구성된 다세포생물로 각 세포가 서로 상호작용한다.

세포막으로 외부를 완전히 차단해버리면 연계하기가 불가능하다. 그래서 당쇄가 필요하다. 즉, 당쇄는 세포와 세포를 연결하거나 세포의 종류를 구별하는 역할을 한다.

O형의 혈액은 어느 혈액형에도 수혈할 수 있다?

수혈이 필요할 때 혈액형의 중요성을 크게 깨닫게 된다. 다른 사람의 혈액이 자신의 몸 안에 들어오면 면역계가 응집반응을 일으킨다. 자신의 적혈구에 없는 혈액형 물질이 들어왔으니 이물질이라 판단하는 것이다.

응집반응을 일으키는 혈액형의 구조는 정해져 있다. 다시 말해 A형 물질이 없는 사람에게 A형 물질이 함유된 혈액을 수혈하거나, B형 물질이 없는 사람에게 B형 물질이 있는 혈액을 수혈했을 때 응집반응이 일어난다.

기본형인 O형의 혈액형 물질은 모든 혈액형의 적혈구가 체내에 들어와도 면역계가 반응하지 않는다. 그래서 O형의 혈액은 모든 혈액형에게 수혈이 가능하다.

그러나 혈액에는 적혈구뿐만 아니라 혈장(단백질 등이 녹아 있는 노란색 액체)과 같은 성분도 함유되어 있다.

A형 물질이 없는 사람(O형이나 B형인 사람)의 혈장에는 A형 물질에 반응하는 'α 항체'가 있고, B형 물질을 가지지 못한 사람(O형이나 A형인 사람)의 혈장에는 B형 물질에 반응하는 'β 항체'가 함유되어 있다.

그래서 혈액형 물질과 항체가 부딪혀 면역반응이 일어나면 혈액이 굳는 '응혈'이나 적혈구가 파괴되는 '용혈'이 일어난다.

또한 B형인 사람에게 O형의 혈액을 수혈하면 O형이 가진 'β 항체'가 반응하고 A형인 사람에게 O형의 혈액을 수혈하면 O형이 가진 'α 항체'가 반응한다. 이런 식으로 수혈을 다량으로 할 경우, 혈액이 굳어버리게 된다. 따라서 O형의 혈액을 수혈할 때 양이 적다면 희석되어(농도가 옅어져) 문제가 없지만, 양이 많을 때는 문제가 된다. 그런 이유로 현재 '긴급 시'에만 수혈할 수 있도록, 그것도 약 100~130cc를 넘지 않도록 규정되어 있다.

Rh란 무엇일까?

혈액을 섞어 응혈이나 용혈이 일어나는 것은 ABO식 혈액형뿐만 아니라 다른 종류의 혈액형 물질도 원인이 된다. 예를 들어 'Rh식' 혈액형도 자주 문제가 되곤 한다.

Rh식은 사람의 적혈구에 붉은원숭이와 같은 혈액형 항원이 있는지 여부에 따라 나누는 혈액형이다.

'Rh 항원'은 C, c, D, d, E, e로 6종류가 있으며 그중에서도 D 항원은 수혈할 때 반응이 일어나기 쉬워 D 항원을 지닌 사람은 'Rh 플러스'라 부르고, D 항원이 없는 사람은 'Rh 마이너스'라고 표현한다.

일본인의 99.5%가 Rh 플러스로, Rh 마이너스는 0.5%만 존재한다(한국인의 경우 Rh 마이너스 형은 0.1~0.3%에 불과하다. 반면, 미국인은 10%나 돼 평범한 혈액형으로 취급받는다.-〈서울경제〉 2012년 4월 11일자)고 한다.

실제로 인간의 혈액형은 수십 종류가 있지만, 수혈할 때는 ABO식과 Rh식 혈액형이 중요한 고려사항이 된다. ABO식이 항체의 생성을 유도하는 성질이 강하기 때문이다.

병원에서는 단지 이들이 일치한다고 해서 바로 수혈하지 않는다. 수혈을 받을 사람의 혈액과 수혈할 혈액을 반드시 섞어보고 응집반응이 일어나는지를 확인한 후 수혈한다.

인류의 선조는 A형이었다

사람의 혈액에 여러 종류가 있다는 사실은 1900년에 오스트리아의 병리학자 카를 란트슈타이너(Karl Landsteiner, 1868~1943)가 발견했다.

그는 어떤 사람의 혈청에 다른 사람의 적혈구를 섞으면 혈액이 굳을 때도 있고 굳지 않을 때도 있다는 사실을 깨닫고 혈액의 종류가 여러 가지가 있음을 밝혀냈다.

혈액형을 발견했을 당시에는 A, B, O형의 세 종류뿐이었지만 그후 네 번째 AB형이 발견되었다. A형, B형이라고 이름 붙였다면 이어서 C형이라고 하면 되는데 왜 C형이 아니라 O형이라 부르게 되었을까?

그 이유는 적혈구의 당쇄가 H형 물질만 있고 A형이나 B형의 항원이 없어서다. 독일어로 '없다'를 의미하는 단어는 'ohne'로 'O형'은 이 단어의 앞 문자를 사용한 것이라 전해진다.

혈액형의 기본형은 O형인데다 가장 단순한 구조를 지녀 먼 옛날 인류의 선조가 가진 혈액형은 O형이라 생각되어왔다.

그런데 DNA를 분석해보니 A형이 인류의 선조가 가진 혈액형이었다는 설이 유력해졌다. 침팬지의 혈액형은 A형과 O형, 고릴라는 B형만, 오랑우탄은 A, B, O, AB형이 있다. DNA의 연구에 따라 인간, 유인원, 원숭이의 공통 선조는 A형이었다는 사실이 밝혀졌다.

따라서 인간의 경우 A형의 선조에서 O형이 탄생했고 다음으로 B형, 그리고 마지막에 A형과 B형의 혼혈인 AB형이 탄생한 것으로 추정된다.

피부에 비친 혈관이 푸른색인 이유

우리의 몸에 흐르는 혈액은 빨간색이 분명하다. 그런데 피부에 비친 혈관은 푸른빛을 띤다. 그 이유는 무엇일까?

피부에 보이는 혈관이 모두 정맥이기 때문이다. 온몸을 다 돌고 나오는 정맥의 피는 산소를 잃은 상태이기 때문에 몸 안의 찌꺼기와 이산화탄소만을 가지고 있어 검푸른색을 띠는데, 이것이 피부색과 합해져 파랗게 보이는 것이다.

반면 동맥은 몸속 깊은 곳에 있어 보이지 않는다. 예를 들어 혈관벽이 두꺼운 대동맥은 새하얗지만 혈관벽이 얇은 것은 반투명하다. 그래서 혈관을 흐르는 혈액이 잘 보인다.

그렇다면 혈액이 붉은 이유는 무엇일까? 적혈구에 철의 주성분인 헤모글로빈이라는 혈색소가 들어 있기 때문이다. 헤모글로빈은 원래 붉은색인데, 산소와 만나면 붉은색이 더욱 선명해지고 산소가 없을 때는 푸른빛을 띠는 특징이 있다. 그래서 헤모글로빈에 산소가 풍부한 동맥혈은 선명한 빨간색이다.

이와 반대로 헤모글로빈에서 산소가 빠져나간 상태인 정맥혈은 파란색이다. 피검사가 필요할 때 정맥혈에서 피를 뽑는데, 이때 검푸른 피를 보고 놀란 사람도 많을 것이다.

정맥혈이 검푸르게 보이는 것은 빛의 반사와 관련이 있다.

빛은 파란색, 초록색, 빨간색이 합쳐져 있고 이를 '빛의 삼원색'이라 부른다. 피부를 지나 혈관에 도달한 빛 중에서 빨간색은 반사되지 않아 혈액에 흡수되지만 빨간색보다 반사되기 쉬운 파란색과 초록색은 난반사를 일으킨다. 이렇게 난반사된 파란색과 초록색을 보기 때문에 혈관이 검푸르게 보이는 것이다.

실제로 몸에서 혈관을 관찰할 수 있는 곳이 있는데, 바로 망막이다. 검안경으로 보면 동맥은 빨갛고, 정맥은 검푸르게 보인다.

이런 이유로 인체모형과 인체도감에서 동맥은 빨갛게, 정맥은 파랗게 표시한다.

혈관의 길이를 모두 합치면…

혈관은 혈액이 흐르는 파이프다. 전신 세포에 혈액을 보내기 위해 몸 구석구석 혈관이 뻗어 있다. 체내에 혈관이 없는 곳은 눈의 각막과 수정체뿐이다.

이렇게 여러 곳으로 뻗어 있는 혈관을 전부 이으면 길이가 얼마나 될까?

간단히 계산하면 약 10만km(지구 두 바퀴 반)로 어마어마하게 길다. 그러나 실제로 계산해보면 그만큼 길지는 않다.

동맥이나 정맥 같은 혈관의 지름과 단면적, 거기에 포함된 혈액량이 어느 정도인지는 이미 밝혀졌다. 단면적은 '반지름의 제곱×원주율'로 구할 수 있다.

이제부터 혈관 중에서 가장 얇은 지름 8μm(마이크론, 1μm은 0.001mm)의 모세혈관으로 계산해보자.

모세혈관의 단면적은 $0.004^2 \times 3.14 = 0.00005024$mm^{2}가 된다.

체내 혈액을 전부 합치면 약 5L이므로, 혈관이 모두 모세혈관이라고 치고 5L를 단면적으로 나누면 답이 나온다.

5L=5000mL=5000cm^3=5000000mm^{3}이니, 5000000mm^3÷0.00005024mm^2=99522292994mm, 약 10만km가 된다. 이 숫자가 일반적으로 일컬어지는 '약 10만km'의 근거다.

그런데 사실 혈관 길이의 계산이 이렇게 단순한 것은 아니다.

이렇게 말하는 이유는 모세혈관에는 전체 혈액량의 5%만 흐르기 때문이다. 모세혈관의 길이를 전체 혈관 길이의 5%로 계산해야 한다. 5L의 5%인 250mL는 250cm³, 즉 250000mm³이므로, $250000 \div 0.00005024 = 4976114650mm$가 된다. 즉 4976.1147km가 모세혈관의 길이다.

똑같이 동맥과 정맥의 두께를 바탕으로 단면적과 혈액량의 비율을 계산해보자. 대동맥은 혈액량 400mL를 단면적 '$12.5^2 \times 3.14 = 490.625mm$'로 나누면 0.000815287km다.

중동맥은 혈액량 250mL를 단면적 '$2^2 \times 3.14 = 12.56$'로 나누면 0.019904459km다.

세동맥은 혈액량 100mL를 단면적 '$0.015^2 \times 3.14 = 0.0007065$'로 나누면 141.5428167km다.

세정맥은 혈액량 500mL를 단면적 '$0.02^2 \times 3.14 = 0.001256$'으로 나누면 398.089172km다.

중정맥은 혈액량 750mL를 단면적 '$2.5^2 \times 3.14 = 19.625$'로 나누면 0.038216561km가 된다.

대정맥은 혈액량 1750mL를 단면적 '$15^2 \times 3.14 = 706.5$'로 나누면 0.002476999km가 된다.

이를 전부 더하면 5515.808102km로, 반올림한 혈관의 길이는 약 6,000km가 된다.

10만km와 비교해 6,000km는 짧게 느껴질지 모른다. 그러나 3,000km는 서울에서 도쿄까지의 왕복거리(1,100km×2)보다도 많은 수치다.

 힘찬 동맥과 고요한 정맥

동맥과 정맥은 하는 역할이 달라 혈액의 색과 구조도 다르다.

동맥은 심장의 박동과 혈관벽의 탄력을 이용해 혈액을 몸 구석구석으로 보낸다. '동맥벽'은 두꺼운 3층 구조에 탄력적인 둥근 모양이어서 높은 압력으로 손발 끝까지 힘차게 혈액을 내보낼 수 있다.

이에 비해 정맥은 압력이 낮은 고요한 혈관이다. 세포조직에서 회수한 이산화탄소나 노폐물이 섞인 혈액을 심장으로 되돌린다.

정맥은 3층 구조이긴 하지만 정맥벽은 얇고 탄력이 없으며 평평하다. 이 형태는 중력을 거슬러 혈액을 심장에 보내기에 적합하다.

정맥은 근육의 수축과 이완을 반복해 우유를 짜듯이 혈액을 위로 올려보낸다. 정맥벽에는 혈액의 역류를 방지하기 위한 평평한 판이 붙어 있어서 잘 역류하지 않는다. 걷거나 몸을 움직이면 혈액순환이 좋아지는 이유는 판이라는 근육이 정맥혈을 심장으로 되돌리는 데 도움이 되기 때문이다.

그리고 팔과 다리 안쪽 깊은 곳의 정맥은 몇 개로 갈라져 동맥을 휘감듯 뻗어 있다. 이러한 형태는 체온을 유지하는 데 도움이 된다.

심장에서 나와 손발 끝으로 향하는 동맥혈은 몸의 중심을 통과해서 따뜻해지기 때문에 온도가 높다.

그러나 손과 발에서 되돌아오는 정맥혈은 손발 끝에서 차가워져 온도가 낮아진다. 이렇게 차가워진 정맥의 혈액이 동맥을 휘감고 있어 체온이 유지된다. 그런 방법으로 몸 중심부의 온도가 내려가는 것을 방지하는 것이다.

무시하면 큰코다치는 모세혈관의 역할

혈관 하면 보통 정맥과 동맥만 떠올린다. 그러나 존재감이 적은 모세혈관도 매우 중요한 일을 한다.

모세혈관은 두께가 1mm의 100분의 1 정도로 매우 얇다. 이 두께는 적혈구가 아슬아슬하게 통과할 수 있는 정도다.

동맥이나 정맥과 달리 단층의 얇은 막 구조인 모세혈관은 단단한 뼛속까지 퍼져 있다. 모세혈관이 다니지 않는 곳은 연골조직과 눈의 각막과 수정체뿐, 각 조직에 그물망처럼 퍼져 있다.

동맥과 정맥은 나무의 줄기에서 가지가 뻗어나오듯 신체 말단으로 갈수록 점점 가늘어지며, 모세혈관으로 이어져 있다. 실제로 세포조직에 산소와 영양소를 전달하고 이산화탄소와 노폐물을 회수하는 것은 모세혈관이다. 즉, 동맥과 정맥은 혈액이 통과하는 파이프일 뿐이다.

심장에서 내보내는 동맥혈은 끝 부분에서 모세혈관과 이어진다. 그리고 모세혈관에서 물질을 교환한 후 정맥의 끝 부분에서 정맥혈이 되어 심장으로 되돌아간다.

혈액이 흐르는 속도는 심장의 리듬에 따라 바뀌는데, 심장을 거쳐 바로 지나가는 가장 굵은 혈관인 대동맥에서는 가장 빠를 때 초속 150cm로 지나간다. 평균적으로는 매초 50~60cm로 매우 빠른 속도를 낸다.

그리고 혈액은 흐르면서 속도가 줄어들어 모세혈관에 다다르면 매초 1mm의 속도로 천천히 흐른다.

외부 침입자를 막아주는 림프관과 림프절

림프관은 맑은 물길

림프(lymph)는 라틴어로 '맑은 물의 흐름'이라는 뜻이다. 림프라는 말은 고대 로마시대부터 사용되어왔지만 림프관은 17세기 중반 덴마크의 의사이자 해부학자인 토마스 바르톨린(Thomas Bartholin, 1616~1680)이 발견한 후로 널리 알려졌다.

이 말은 『해체신서(解体新書)』(1774년에 발행된 일본 최초의 해부학 책으로 네덜란드의 의학서 『해부도보(OntleedKundige Tafelen)』를 번역한 것─옮긴이)에 처음으로 등장하는데 당시에는 이를 '물길[水道]'이라고 번역했다.

왜 '림프'를 '물길'이라 표현했을까?

혈액은 모세혈관으로 이어진 정맥과 동맥을 통해 몸속을 순환한다. 모세혈관에서는 물질교환이 이루어져서 액(일부 혈액 성분의 액체)이 조금 샜다가 되돌아오는 현상이 일어난다.

심장에서 힘차게 나온 혈액은 서서히 속도를 줄여 혈압도 내리면서 모세혈관의 입구에 도착한다. 그러나 아직 혈압이 높아 그 압력으로 액이 나오게 된다.

이렇게 나온 액을 모세혈관의 하류에서 회수하는데, 이때 단백질의 농도 차를 이용한다.

물질의 농도에 차이가 있으면 물질은 농도가 낮은 쪽에서 높은 쪽으로 이동한다. 이를 '삼투압'이라고 한다. 배추를 절일 때 소금을 뿌리면 필요 없는 수분이 빠져나와 맛있게 절여지는데, 이도 삼투압을 이용한 것이다.

혈액 안에는 단백질이 있는데, 혈관 밖에는 단백질이 없다. 그래서 혈관벽을 사이에 두고 농도가 높은 혈관 안으로 액을 끌어당기는 힘이 작용하게 된다. 보통 소금물 등 전해질(이온)의 삼투현상으로 인해 생기는 압력을 삼투압이라 하고, 단백질처럼 거대한 분자(교질)에 의한 삼투압을 '교질삼투압'이라 부른다.

그러나 나온 액만큼 되돌아온다면 균형이 맞아서 문제가 없지만, 실제로는 나가기만 하고 되돌아오지 않는 액이 있다. 그 양은 혈액량의 약 3,000분의 1이다.

미아가 된 액이 다음으로 향하는 곳은 림프관이다. 모세혈관에서 넘친 액을 별도로 회수해 정맥으로 되돌리는 것이 림프관이 하는 일이다.

림프관을 '물길'이라 번역한 것은 이런 작용에서 유래했다고 할 수 있다.

오래 서 있으면 왜 다리가 부을까?

오랜 시간 서서 일하거나 의자에 앉아 있으면 다리가 붓는다. 특히 여성은 다리가 통통 부어서 부츠의 지퍼가 안 올라갔던 경험이 한 번쯤은 있을 것이다.

이렇듯 다리가 붓는 이유는 무엇일까?

운동하지 않고 계속 서 있으면 근육의 힘만으로는 정맥혈을 위쪽으로 끌어올리지 못한다. 그러면 혈액이 심장에 원활하게 공급되지 못하게 되고 모세혈관에 큰 압력이 생겨 액이 넘치고 만다.

이를 림프관이 회수하는데, 림프관의 구조도 정맥과 같다. 림프관은 평평하고 내벽에 판이 붙어 있다. 몸을 움직이면 근육의 움직임으로 림프관이 눌리기도 하고 펴지기도 하면서 림프액이 흐른다. 그래서 몸을 움직이지 않으면 림프액도 정맥혈과 마찬

가지로 흐르지 않고 머물러 있다.

이렇게 순환하지 않은 액이 고여 몸이 붓는 것이다. 이때 다리를 움직이거나 걸으면 림프액이 혈관 안으로 흐르면서 붓기가 점점 사라진다.

여성이 남성보다 혈액 속의 단백질 양이 적어서 몸이 쉽게 붓는다. 즉, 혈관의 교질삼투압의 힘이 약한 것으로, 림프관 때문이라기보다 정맥 때문에 일어나는 현상이다.

이와 같은 현상은 영양이 부족해도 발생한다. 기아로 고통 받는 국가의 아이들은 영양실조로 배가 크게 부풀어 있다. 이것도

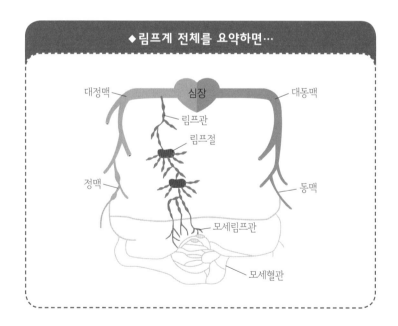

◆림프계 전체를 요약하면…

단백질 부족으로 교질삼투압이 제대로 이루어지지 않아 회수할
수 없게 된 액이 배에 가득 차기 때문이다.

림프관은 면역이란 부업도 한다

인간에게 림프관이 없다면 새어나간 액이 되돌아오지
않아 몸이 붓고 만다.

유방암 수술로 겨드랑이 아래의 림프절을 절제하면 림프관이
막혀서 팔이 퉁퉁 붓는 림프 유종을 겪기 쉽다.

많은 사람이 림프관을 면역기관이라 생각할 것이다. 그러나
앞에서 설명했듯이 원래는 모세혈관에서 새어나간 액을 회수하
는 순환기의 일부다.

그런데 우연히 림프절에 면역세포가 모여 있어서 면역계의 거
점이 되었다.

혈관 중에 모세혈관이 있듯이 림프관에도 림프관의 줄기에서
가지로 나뉘는 '모세림프관'이 있다. 림프관 끝은 열려 있어서
수분뿐만 아니라 이물질을 포함해 무엇이든 끌어들인다. 이 상
태로 액을 정맥으로 다시 보내는 것은 매우 위험하다.

그래서 림프관의 군데군데 림프절이라는 필터를 두어 이물질
등을 처리해 깨끗한 액만 정맥으로 되돌린다.

무엇이든 끌어들이는 림프관은 외부 침입자와 이물질에게는 둘도 없이 좋은 표적이다. 이를 염려해 림프절에 면역세포를 모아두고 적과 싸우는 것이다. 면역세포에 있는 림프구 등은 세균이나 바이러스와 싸운다. 이렇게 림프절은 방어 요새라는 역할을 담당하게 되었다.

하지만 림프관이 운반하는 것은 남은 물질과 이물질뿐만이 아니다.

장에서 흡수한 영양소 중에서 포도당이나 아미노산과 같이 분자가 작은 것은 모세혈관에 들어가지만, 들어가지 못하는 것이

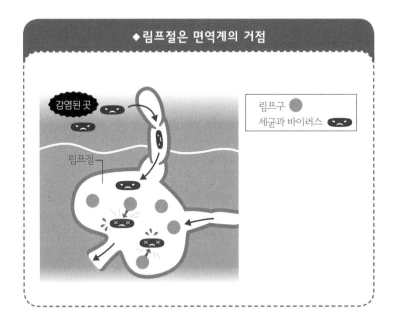

◆림프절은 면역계의 거점

있는데 바로 지방이다. 지방은 모세혈관이 아닌 림프관으로 들어가 림프관을 통해 정맥으로 되돌아간다.

림프절이 붓는 것은 병원체와 싸우는 중

림프절이 있는 곳은 몸통에서 돌출된 부위와 몸통이 연결되는 부분이다. 말하자면 머리와 몸통의 접합부인 목, 팔과 몸통의 접합부인 겨드랑이 아래, 다리와 몸통의 접합부인 샅에 있다. 만지면 단단한 멍울이 잡혀 쉽게 알 수 있는데, 온몸에는 약 800개의 림프절이 있다.

이 부위는 림프액이 되돌아올 때 거쳐야 할 관문이다.

방어부대가 그곳에 주둔하는 면역세포를 모아서 수상한 것을 검문하고, 위험하다고 판단하면 퇴치해 침입을 막는다. 즉, 림프절이 부어서 통증이 생기고 열이 날 때는 병원체가 침입해 림프구가 싸우고 있다는 증거다. 그리고 싸움이 끝난 후에는 대식세포가 병원체의 잔해를 먹어치워 없애준다.

대식세포란 이름 그대로 이물질을 발견하면 죽이거나 분해하는 청소부 같은 세포다.

림프관은 동맥을 따라 흐르고 내장기관과 가까운 곳에도 쭉 퍼져 있다. 내장 등에 림프절이 필요한 이유는 내장이 외부와 연결되어 있기 때문이다. 호흡을 하면 호흡기에 먼지와 세균, 바이러스가 침투하고 밥을 먹으면 음식물과 함께 소화기에도 병원체가 침입한다. 이를 막기 위해 림프절이 내장이 있는 곳에도 존재하는 것이다.

　그래서 시체를 해부하면 대부분 폐 주변의 림프절이 새까만 것을 볼 수 있는데, 이것은 외부에서 들어온 먼지와 배기가스 등이 림프절에 모여 있기 때문이다.

재채기, 기침, 딸꾹질은 어떻게 다른가

재채기와 기침의 속도는?

전철 안에서 입을 가리지 않고 재채기나 기침을 하는 사람을 보면 나한테도 침이 튀지 않을까 은근히 걱정된다. 실제로 침이 튈 가능성이 있기 때문에 괜한 걱정은 아니다.

재채기의 속도는 시속 약 300km로 고속철도에 뒤지지 않는다. 기침은 시속 약 200km나 된다.

그래서 재채기 소리를 듣고 재빠르게 손수건으로 코와 입을 막아도 이미 늦는다. 침은 벌써 내 몸 어딘가에 도달했을지도 모르기 때문이다.

만약 재채기나 기침을 한 사람이 감기에라도 걸렸다면 한 번의 재채기로 약 2,000만 개의 바이러스가 3m 정도 흩날리고, 기침의 경우에도 약 10만 개의 바이러스가 2m 앞까지 날아간다. 그러니 그 사람 바로 옆에 있지 않아서 다행이라고 안심할 일이 아니다.

재채기와 기침은 신체의 방어 반응

재채기와 기침은 주변에 폐를 끼치기도 하지만 본인도 짜증이 나므로 하지 않는 것이 가장 좋다.

재채기나 기침을 하는 이유는 체내에 침입하려는 이물질을 막아내기 위해서다. 즉, '신체의 방어 반응'인 셈이다.

공기 중에는 눈에 보이지 않는 먼지와 티끌, 꽃가루 같은 알레르기성 물질, 감기 바이러스와 세균 등이 많다.

이를 공기와 함께 들이마셨을 때 코의 점막이 자극을 받아 반사적으로 숨을 멈추는 것이 재채기다. 짧게 숨을 들이쉬고 폭발적으로 숨을 내뱉어 코와 입에 붙어 있던 이물질과 쌓여 있던 분비물인 가래를 내뱉는다.

털로 콧속을 간질이거나 후춧가루 때문에 재채기가 나는 것도 코 점막이 자극을 받아서다.

기침은 코가 아니라 기관과 기관지의 점막이 자극을 받았을 때 나오며, 기관과 기관지에 머물러 있던 이물질과 분비물을 내뱉는다. 이때 숨을 크게 들이마신 후에 폭발적으로 숨을 내뱉는데, 숨을 내뱉기 직전에 목의 성문(glottis, 후두부에 있는 발성장치로 공기가 다니는 길)을 일시적으로 닫는다.

재채기를 할 때는 입을 닫고 코에서 세게 숨을 내뱉지만, 기침을 할 때는 입을 열어 목에서 쉽게 숨을 내뱉게 한다.

그런데 감기에 걸리면 설사를 하는 등 장의 상태가 나빠지기 쉽다. 장의 상태가 나쁜 상태에서 재채기나 기침을 했을 때 설사

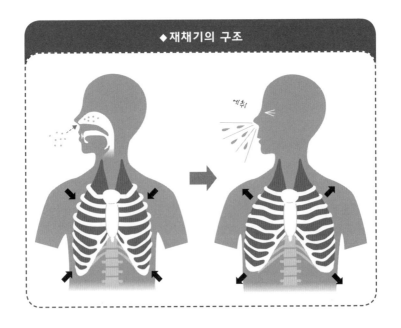

◆재채기의 구조

같은 변이 나오는 경우가 있다. 이러한 상태가 되는 것은 모두 원인이 있으니 걱정하지 말자.

재채기나 기침을 할 때처럼 숨을 강하게 내뱉을 때는 장벽의 근육도 강하게 수축해 복압이 올라간다. 오랫동안 기침을 하면 복근이 아파지는 것이 이 때문이다.

몸이 정상일 때는 항문 괄약근이 수축되어 있어 변이 새는 일이 없지만, 재채기나 기침 반사가 너무 빨리 일어나면 그럴 틈도 없이 변이 새고 만다.

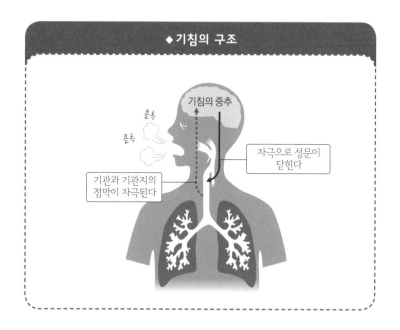

딸꾹질은 태아기의 흔적?

재채기와 기침은 공기가 흐르는 길에 있는 점막이 자극을 받아 일어나는데 반해 딸꾹질은 가로막(횡격막)의 강한 수축, 즉 경련 때문에 일어난다.

가로막은 가슴과 배를 분리하는 근육으로 식도와 위의 상태가 나빠지면 음식물에 의해 자극을 받아 딸꾹질이 일어난다. 몸의 방어 반응이 아니기에 특별히 건강에 도움이 되는 현상은 아니다.

'딸꾹' 하는 딸꾹질 소리는 성대가 긴장해 좁아진 상태에서 숨을 급하게 들이마시기 위해 나는 소리다.

사실 태아도 엄마의 뱃속에서 딸꾹질을 한다. 대략 16주 정도부터 시작해 임산부는 태아가 정기적으로 딸꾹질하는 태동을 느낄 수 있다. 이는 태아가 가로막을 움직여 직접 폐로의 혈액순환을 촉진하는 것이다. 그리고 '딸꾹딸꾹' 호흡을 연습하고 있는 것이라 여겨진다.

그래서 딸꾹질은 태아기의 흔적이라는 설도 있다.

어떻게
체지방계로
지방량을 알 수
있을까

전기를 전달하지 않는 지방의 성질을 이용

권투 시합 전에 체중을 잴 때 선수들은 조금이라도 체중을 줄이기 위해 땀을 흘리거나 화장실에 가서 볼일을 보는 모습을 볼 수 있다.

이와 같이 체중은 몸 안에 것을 배출시키면 조금이라도 줄어든다. 화장실에 가기 전과 갔다온 후의 체중은 1kg 정도 차이가 난다.

그러나 지방은 세포에 축척되어 있어 화장실에서 배설할 수 없다. 이처럼 지방이 몸에서 빠져나갈 수 없는데, 딱 달라붙어 있는데, '체지방계'에 올라가면 하루 만에도 상당히 변화가 생길 때를 경험해봤을 것이다.

그 이유는 무엇일까? 그리고 체지방계는 체내의 지방량을 어떻게 측정하는 것일까?

물이 전기를 통과시키는 것은 모두 잘 알 것이다. 내장과 근육에는 액체라는 수분이 있어 전기를 전달한다. 그런데 지방은 전기를 전달하기 어려운 성질이 있다. 이 성질을 이용한 것이 체지방계다.

체지방계에 표시된 발을 올려놓는 자리를 보면 은색 금속이 부착되어 있는데, 이 금속판이 전극판이다. 여기서 미약한 전류를 흘려보내고 체내에서 일어나는 전기저항(전류가 흐르기 어려운 정도)을 측정해 내장과 근육의 수분과 지방의 비율로 지방률을 산출한다.

즉, 체내에 전류가 잘 흐르면 '수분이 많다(지방이 적다)'라고 판단해 체지방률이 낮아진다.

따라서 샤워한 후 물기가 남은 발로 체지방계에 올라가면 전기가 전달되기 쉬워 체지방률이 낮아진다. 그리고 술을 마신 후에는 탈수 증상 때문에 수분량이 줄어들어 체지방률이 높아지는 경향이 있다.

아침에 일어나서 바로 재면 잘 때 수분을 섭취하지 않아 체지

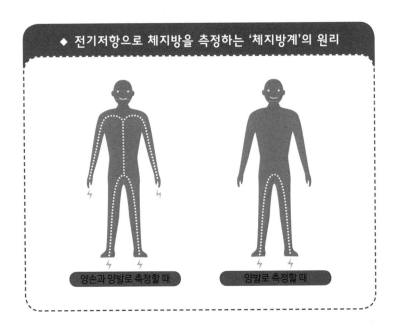

◆ 전기저항으로 체지방을 측정하는 '체지방계'의 원리

양손과 양발로 측정할 때

양발로 측정할 때

방률이 높아지는 등 하루에도 몸의 상태에 따라 체지방계의 수치는 여러 번 변한다.

대사증후군인 사람은 체지방량의 오차가 크다

체지방계에는 키와 연령, 성별마다 기본 데이터가 대량으로 입력되어 있다. 여기에 구입자가 자신의 키와 성별 등의 기본 데이터를 입력하면 체지방률의 추정치가 표시된다.

표시된 수치는 어디까지나 추정치로 실제 체지방률은 아니다.

일반적인 체형이라면 기본 데이터와 가까워 오차가 범위 내로 좁혀진다. 그러나 대사증후군인 사람은 기본 데이터에서 크게 벗어나 오차가 커질 수 있다.

X선을 이용한 컴퓨터 단층촬영(CT)

몸 안의 상태를 단층화상으로 보는 검사가 CT와 MRI다. 건강검진 항목에서 자주 접해 우리에게 친숙한 두 검사는 화상을 얻는 방법이 다르다.

CT는 '컴퓨티드 토모그래피(Computed Tomography)'의 줄임말로 우리말로 '컴퓨터 단층촬영'이라고 한다. 이는 심도 있는 X선 촬영이라 할 수 있다.

CT는 검사기를 몸 주변으로 돌려 다양한 방향에서 'X선'을 쏴서 투과한 X선 양의 차이를 검출한다. X선은 체내에서 많이 흡수한 부분은 희게 비추고, X선을 통과시키기 쉬운 부분은 검게 비춘다. 이렇게 체내에 분포된 흑백의 비율을 컴퓨터로 계산해 화상으로 만드는 방법이다.

참고로 X선은 방사선의 일종이다. 1895년에 독일의 생리학자 빌헬름 뢴트겐(Wilhelm Conrad Röntgen, 1845~1923) 박사는 물질을 통과하는 성질을 지닌 신기한 광선이 있다는 사실을 처음 발견했다. X선은 그의 이름을 따서 '뢴트겐선'이라고도 불린다.

방사선은 눈에 보이지 않는 아주 작은 입자나 빛과 같은 성질을 지닌 것으로 α선이나 β선, γ선, X선 등 파장이 다른 여러 종류가 있다.

그중에서도 X선과 γ선은 에너지가 높은 빛에 속한다. 이 둘의 차이는 X선이 전자에서 방출된 전자파인 것에 비해 γ선은 원자핵에서 방출된 전자파라는 점이다.

X선을 인체에 비추면 몸을 구성하는 분자에 닿아 소멸 또는 산란되어 빠른 시간 내에 그 수가 감소한다. 이를 'X선이 몸에 흡수되었다'라고 표현한다.

하지만 X선으로 몸을 일주해 촬영하면 그것만으로도 많은 X선을 받게 된다. 최근에는 많이 개선되었지만, 그래도 단순한 X선 촬영과 비교하면 피폭량이 많아진다.

전자파를 이용한 자기 공명 단층촬영 장치(MRI)

MRI는 '마그네틱 레저넌스 이미저(Magnetic Resonance Imager)'의 약칭으로 우리말로는 '자기 공명 단층촬영 장치'라고 한다. CT가 X선을 이용하는 데 비해 MRI는 강한 전자석이 만들어내는 자장을 이용해 체내의 수소 분포 상태를 촬영한다.

인간의 몸은 단백질과 지방, 물 등의 분자로 이루어져 있고 이 분자들은 모두 수소를 갖고 있다.

큰 자석으로 FM 라디오와 비슷한 전자파를 몸에 쏘면 체내의 수소원자가 운동해 전자파를 발생시킨다. 이때 발생한 전자파로 수소원자의 양을 검사하는 것이다.

이는 전자레인지와 같은 원리다. 전자레인지는 음식물에 마이크로파라는 전자파를 쏘아 음식물에 함유된 물 분자를 진동시켜 마찰열을 발생시키고, 이 마찰열로 음식물이 따뜻해진다. 그래서 MRI 검사를 받으면 몸이 조금 따뜻해진다.

피폭의 우려는 없지만 검사 시간이 길다는 단점이 있다. 그리고 심박 조율기 등 자석에 반응하는 기기를 몸에 삽입한 사람과 좁은 공간에 들어가면 폐쇄공포증을 일으키는 사람에게는 사용할 수 없다.

CT든 MRI든 몸의 단면사진을 찍을 수 있는데, 검사할 때 보던 이미지는 실제 화상이 아니다.

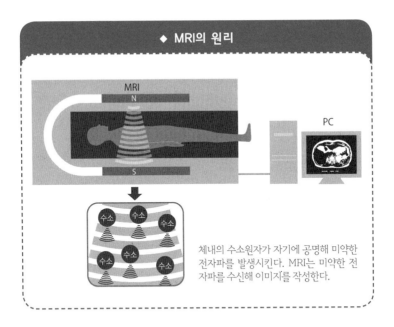

◆ MRI의 원리

MRI
N

PC

S

체내의 수소원자가 자기에 공명해 미약한 전자파를 발생시킨다. MRI는 미약한 전자파를 수신해 이미지를 작성한다.

촬영된 이미지의 정보를 바탕으로 컴퓨터로 처리해 단면의 영상으로 재구성한 것이다.

초음파 검사는 어군탐지기와 같다

초음파 검사도 이미지를 보는 검사에 속한다.

CT나 MRI에 비해 일반인이 이해하기 어려운 이미지다. 그렇지만 검사하기가 간편하여 병원 외래에서도 가볍게 검사할 수 있다는 장점이 있다.

이 검사는 이름 그대로 초음파를 몸에 쏴서 체내에서 되돌아오는 반사파를 이미지화한 것으로, 메아리나 어군탐지기와 원리가 같다.

음파는 빛과 같이 똑바로 직진한다. 그러나 단단한 물체나 밀도가 높고 낮은 것 등 물질이 균일하지 않은 곳에서는 반사한다. 장애물이 없으면 반사하지 않으므로 음파는 똑바로 직진한다. 반사한다는 것은 그곳에 물질이 있다는 것을 뜻한다.

메아리에서는 산이, 어군탐지기에서는 물고기 떼가 장애물이다.

초음파 검사는 음파가 되돌아올 때까지의 시간으로 거리를 측정해 체내의 상태를 볼 수 있는 영상으로 만든다. 의료용 초음파 가운데 산부인과용 초음파가 가장 널리 쓰이며 특히 임산부의 경우 태아의 상태, 양수의 양, 태반과 자궁의 건강 상태를 확인하고 살펴보기 위해 사용된다.

'도플러(Doppler)'라는 말을 들어본 적이 있을 것이다. 구급차나 경찰차의 사이렌이 가까워지면 소리가 높아지고, 멀어지면 소리가 낮아진다. 이것을 '도플러 효과'라고 한다.

이 성질을 초음파 검사에 이용한 것이 '컬러 도플러'다.

초음파가 물질에 닿아 반사되었을 때 다가오는 것에 닿으면 주파수가 높아지고 멀어지는 것에 닿으면 주파수가 낮아진다.

이 주파수의 변화를 보면 혈액의 흐름을 알 수 있다. 다가오는 혈액은 빨간색, 멀어지는 혈액은 파란색을 사용해 혈액의 속도 변화를 색으로 나타난다.

이와 같이 자연현상을 이용하는 검사기기는 의료에 도움이 되고 있다.

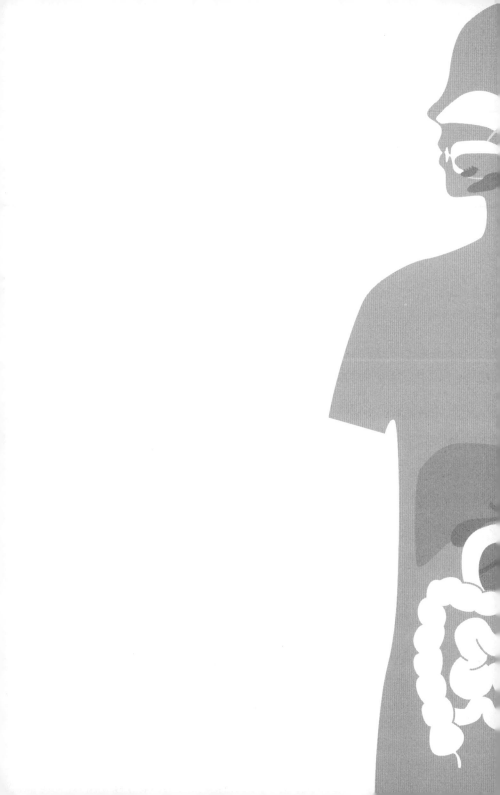

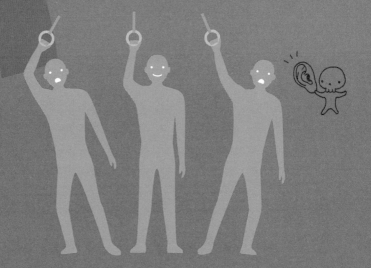

Part 2

재밌어서 밤새 읽는 **인체**

무릎을 꿇고 앉으면 왜 다리가 저릴까?

주거 환경의 변화로 좌식 생활에서 입식 생활로 바뀌어 감에 따라 무릎을 꿇고 앉는 일이 드물어졌다. 그래서 젊은이들은 가끔 무릎을 꿇고 앉을 때면 다리가 저리다고 호소한다.

이렇듯 무릎을 꿇고 앉았을 때 다리가 저린 것은 일시적인 혈액순환 장애 때문이다.

다리에는 근육의 움직임을 담당하는 '운동신경'과 통증과 차가움을 느끼는 '지각신경'이 존재한다.

무릎을 꿇고 앉으면 체중이 다리에 실려 혈관이 압박된다. 따라서 혈액순환이 원활하게 이루어지지 못한다. 그러면 근육과 신경에 산소 부족 현상이 일어나 일시적으로 다리가 마비된다. 운동신경이 마비되면 발등이 뻗어 있는 상태로 발목을 굽힐 수 없어 일어서는 것이 불가능하다. 지각신경의 감각이 둔해져 다리를 꼬집어도 아픔을 느낄 수 없다.

이는 일시적인 현상으로 자세를 바꾸거나 일어서면 다리의 혈액순환이 원상태로 돌아와 지각신경의 감각도 회복된다. 마비 상태가 회복되면서 다리가 날카롭게 저려오는 증상이 나타난다.

그런데 무릎을 꿇고 앉는 것에 익숙해지면 다리의 혈관이 압박을 받아도 저리지 않다. 즉, '다리의 혈액순환이 나빠지지 않는 것'이다.

사실 동맥은 필요에 따라 두꺼워지기도 하고 얇아지기도 하는 성질이 있다. 습관적으로 무릎을 꿇고 앉으면 다리를 지나는 굵은 동맥과 함께 옆을 지나는 얇은 동맥이 늘어나게 된다. 그래서 오랜 시간 무릎을 꿇고 앉아도 다리에 필요한 혈액이 제대로 전달되어 저리지 않게 되는 것이다.

 소변은 왜 참을 수 있는 걸까?

소변이 마려운데 주변에 화장실이 보이지 않을 때 우리

는 소변을 참을 수밖에 없다. 이때 방광을 막아 소변이 나오지 않도록 제어하는 근육이 외괄약근이다.

방광의 출구에는 의지로 제어할 수 없는 내괄약근과 의지로 제어할 수 있는 외괄약근이 있는데, 이 두 근육은 수문과 같은 역할을 담당한다. 근육이 풀리면 소변은 방광에서 요도로 흘러 배설된다.

일반적으로 소변이 마려우면 방광이 수축함과 동시에 출구의 내괄약근이 풀어진다. 그리고 자력으로 외괄약근을 풀어 배설한다. 보통 방광에 250~300mL의 소변이 차면 마려워진다.

방광은 근육으로 되어 있어 소변의 양에 따라 풍선처럼 부풀었다 작아졌다 한다. 소변이 없을 때 방광 벽의 두께는 1cm 정도이지만, 소변이 차오르면 늘어나 3mm까지 얇아진다. 방광의 용량은 600mL 정도로, 이것이 방광에 저장될 수 있는 최대치다.

입술은 왜 빨간색일까?

동물의 몸 색깔은 색소와 관련된 경우가 많다. 그러나 입술 색은 색소와 전혀 관계가 없다.

피부는 표면의 표피, 그 바로 아래층의 진피, 더 아래층의 지방 조직, 이렇게 3층 구조로 이루어져 있다. 진피층에는 차고 따뜻함을 느끼는 수용기와 많은 모세혈관이 퍼져 있다.

그러나 입술은 표피가 극단적으로 얇으며 대부분이 진피층으로 이루어져 있다. 그래서 입술의 표면에는 진피층의 모세혈관을 흐르는 혈액이 얇은 표피를 통해 빨갛게 비치는 것이다.

햇볕을 쬐면 흰 피부가 검은 피부보다 왜 더 빨개질까?

같은 곳에서 같은 시간 동안 햇볕에 피부를 쬐면 피부가 하얀 사람이 그렇지 않은 사람보다 더 빨갛게 되는 이유는 무엇일까?

빛에는 파도와 같은 성질이 있고, 이런 파동이 주기적으로 반복될 때 한 파의 최고조에서 다음 최고조까지의 거리를 '파장'이라고 한다. 자외선에는 빛의 파장이 긴 것과 짧은 것 등 다양하게 섞여 있다. 파장이 짧은 것은 지구의 표면에 도달하지 못하지만, 중간 파장은 피부의 표피까지, 긴 파장은 표피의 아래 색소 세포에까지 영향을 미친다.

피부가 빨개지는 원인은 중간 파장의 자외선이 표피의 세포를 자극해 혈관을 넓히는 '프로스타글란딘(Prostaglandin, PG로 표기하며 생체 내에서 합성되는 생리활성물질)'이라는 물질이 세포에서 만들어지기 때문이다. 혈관이 확장되면 혈액량이 늘어나 피부가 희고 얇은 사람일수록 혈액이 비쳐 빨갛게 보인다.

한편 파장이 긴 자외선은 멜라닌 색소를 산화시켜 검게 만든다. 피부를 검게 만들어 중간 파장의 자외선이 더 이상 침투하지 못하도록 억제하는 것이다. 이런 현상이 피부가 타는 것으로 전체적으로 제대로 태우지 못하면 얼룩이 생기고 기미가 낀다.

수술복은 왜 녹색일까?

병원의 의사와 간호사는 진찰할 때는 흰 가운을 입고 있지만 수술할 때는 녹색 수술복을 입는다. 왜 녹색 옷을 입는 걸까? 여기에는 과학적인 사실이 숨어 있다.

바로 '잔상을 방지하기 위해서'다. 한 가지 색을 오랫동안 본 다음에 시선을 다른 곳으로 돌리면 그 색이 눈앞에 그대로 보인다. 이것이 잔상이다. 이 잔상을 방지하기 위해 녹색 옷을 입는 것이다.

의료진들은 수술 중에 장시간 동안 빨간색의 혈액과 장기를 보기 때문에 시선을 뗀 후에도 빨간 잔상이 남게 된다. 그러면 보색 작용에 의해 흰색이 청록색으로 보이는 것이다.

이는 오랫동안 빨간색을 보면 망막이 빨간색에 둔해지고 보색인 청록색을 감지하는 망막의 감도가 높아지기 때문에 생기는 현상이다. 시각은 한 가지 색을 바라보면 그 반작용으로 보색이 생성된다. 이것이 보색작용이다.

수술 중에 잔상이 보이면 눈이 피로해져 수술에 집중할 수 없어 실수할 위험이 있다. 즉, 수술의 실수를 방지하기 위해 녹색 수술복을 입게 된 것이다. 이를 '음성잔상'이라고 한다.

음성잔상을 발견한 사람은 독일의 문학자 요한 볼프강 괴테(Johann Wolfgang von Goethe, 1749~1832)다. 그는 세상을 떠나기 직전에 "좀 더 많은 빛이 들어오도록 두 번째 창의 덧문을 열게. 너무 어둡구나."라는 유언을 남긴 것으로 유명하다. 괴테는 파티에서 빨간 드레스를 입은 여성에게 시선을 빼앗겼는데, 그 여성을 바라보았을 때 '잔상'에 대해 깨달았다는 문학자다운 일화를 남겼다.

여러분도 빨간색 종이를 한참동안 주시한 다음, 흰 종이로 시선을 옮겨보자. 청록색의 잔상이 희미하게 보일 것이다.

제왕절개라는 말은 번역 실수로 탄생했다

지금은 외국어에 능숙한 사람이 많아 오역을 쉽게 발견할 수 있다. 그렇지만 얼마 전까지만 해도 이를 확인할 수 있는 사람이 그리 많지 않아 잘못된 번역이 그대로 통용되곤 했다.

그 대표적인 예가 '제왕절개'다. 자연분만과 달리 배를 갈라서 아기를 꺼내는 의미인 이 제왕절개는 라틴어로 'sectio caesarea(개복분만)'라고 한다. 'caesarea'는 '자르다'라는 뜻인데, 이것이 'Caesar(율리우스 카이사르 제왕)'로 잘못 번역되었다. 그렇지만 지금까지 수정되지 않고 정식 명칭으로 사용되고 있다.

카이사르(라틴어로 시저)는 고대 로마의 군인이자 정치가다. 제왕절개라는 명칭은 카이사르가 개복분만으로 태어나서라고 설명하거나, 제왕절개를 통해 태어나서 카이사르의 이름이 그렇게 지어졌다고 설명하는 사전도 있다.

그러나 두 설명 모두 잘못된 것이다. 개복분만은 독일어로 'Kaiserschnitt'라고 하는데 이는 '제왕의 절개'라는 뜻이며, 라틴어에서 독일어로 번역할 때 잘못 번역된 것으로 추측된다. 따라서 제왕절개는 시저와 전혀 관련이 없다.

WHO의 깃발에는 뱀이 그려져 있다?

WHO(세계보건기구)의 깃발에 그려진 문양을 기억하는가?

뱀이 지팡이를 휘감고 있는 모습이 그려져 있다. 이 지팡이는 그리스 신화에 등장하는 의술의 신인 아스클레피오스(Asclépios)의 것으로 '아스클레피오스의 지팡이'로 불리며 의술, 의료의 상징이다.

아스클레피오스의 지팡이를 상징화한 '스타 오브 라이프(생명의 별)'라 불리는 이 마크는 전 세계에서 사용되며, 이 문양은 구급차에도 그려져 있다.

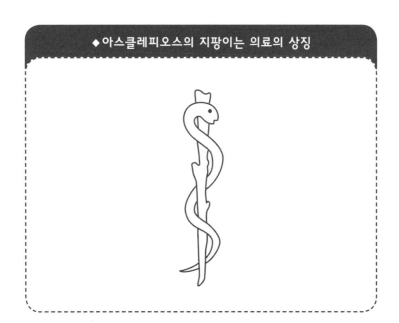

지팡이는 생명을 상징하며, 뱀은 지혜를 상징한다.

또한 뱀은 탈피하며 성장해 '젊음을 되찾는다'라는 의미로도 여겨져 불멸의 생명을 상징한다.

'치명적인 약점' 아킬레스건 이야기

의학 용어에는 그리스 신화에서 유래한 말들이 몇 가지 있다. 발목 뒤에 있으며 인체에서 가장 큰 힘줄인 아킬레스건도 그중 하나다. 바로 그리스 신화에 등장하는 영웅 아킬레우스

(Achilles)에서 유래했다.

바다의 여신 테티스(Thetis)는 아들 아킬레우스를 불사신으로 만들기 위해 황천의 스틱스 강에 전신을 담갔다. 이때 아킬레우스의 발뒤꿈치를 잡고 있어서 그 부분만 불사신이 되지 못하고 급소가 되고 말았다. 이런 이유로 트로이 전쟁에서 아킬레우스는 적인 파리스(Paris)의 활에 발뒤꿈치를 맞고 최후를 맞이한다.

손상되면 걷지 못해서 '치명적인 약점'이라는 의미로 이 힘줄을 '아킬레스건'이라 부르게 되었다.

요즘에는 의술이 발달해 아킬레스건이 파열되어도 수술과 재활을 통해 걷기가 가능하다.

의학의 역사가 시작된 고대 그리스에서는 의학의 아버지인 히포크라테스(Hippocrates, BC 460?~BC 377?)가, 로마에서는 그리스 의학을 체계화한 갈레노스(Galenos, 129~199)가 배출되었다.

당시에는 누구나 그리스어를 사용했는데, 고대 로마 시대에 들어와서는 라틴어를 사용하는 사람이 많았다. 그러나 의사들만은 그리스어를 그대로 사용해서 의학 용어에는 그리스어가 많다.

그중에는 그리스 신화에서 인용한 용어들도 여러 개 있는데, 당시의 생명관에 그리스 철학의 사상이 짙게 반영되었음을 알 수 있다.

강력한 진통작용이 있는 모르핀도 그중 하나다. 모르핀은 마치 꿈처럼 통증을 없애준다는 의미에서 잠의 신인 히프노스(Hypnos)의 아들이자 꿈의 신인 모르페우스(Morpheus)에서 이름을 따왔다.

그리고 간경변증 같은 간질환으로 배의 정맥이 확장되면 배꼽 주변의 혈관이 두드러지면서 방사 형태로 피부에 나타난다. 이 모양이 그리스 신화에 등장하는 뱀 머리카락을 가진 메두사와 닮았다고 하여 '메두사의 머리(caput Medusae)'라고 부른다.

그리스 신화뿐만 아니라 가끔 독일 민화도 등장한다. 호흡을 조절하는 기관이 장애를 일으키면 수면 중에 호흡이 정지하기도 하는데, 이 병을 '온딘의 저주(Ondine's Curse)'라고 한다. 이는 인간 남성과 결혼한 물의 요정 온딘이 남편의 불성실함을 원망해 남편이 잠들면 호흡이 정지해 죽게 만드는 저주를 걸었다는 무시무시한 이야기에서 유래했다.

이처럼 잘 살펴보면 말이 어려워서 쉽사리 익숙해지지 않는 의학 용어가 친숙하게 느껴질 것이다.

검은 눈동자와 푸른 눈동자는 색이 다르게 보인다?

빛의 파장을 느끼는 추상체

하늘에 걸려 있는 아름다운 무지개는 태양빛이 비의 물방울에 닿아 흩어지면서 일곱 가지 색으로 보이는 것이다.

태양빛에는 다양한 빛이 포함되어 있고 지구에 내리쬐는 빛은 우리 주변의 다양한 물체에 닿아 반사한다. 이렇게 반사된 빛이 눈에 들어와 '물체가 보이는' 것이다. 따라서 빛이 없으면 물체도 볼 수 없다.

태양빛에 포함된 다양한 빛은 각각 다른 파장을 지녔다. 어떤 곳에서는 파장이 짧은 빛만 반사되어 파랗게 보이고, 또 다른 곳에서는 파장이 긴 빛만 많이 반사되어 빨갛게 보인다.

빛을 느끼는 것은 눈 안쪽의 '망막'이며, 카메라에서 필름에 해당하는 부분이다. 망막에는 빛을 느끼는 시세포와 그 정보를 뇌로 전달하는 신경세포가 꽉 들어차 있다.

시세포에는 색을 구별하지만 감도가 나쁜 '추상체'와 흑백(명암)만 느끼지만 감도가 좋은 '간상체'가 있다.

빛의 흡수율로 파장을 구분해 색을 구분하는 것은 '추상체'다. '추상체'는 빨강, 초록, 파랑을 흡수하는 세 종류가 있는데 이것들이 서로 중첩돼 있어 수많은 색깔을 볼 수 있는 것이다.

포유류 중에서 선명한 색의 세계를 누리는 것은 인간과 원숭이뿐이다. 개와 고양이는 색을 느끼는 추상체가 없어 흑백에 가까운 세계를 본다고 한다.

눈동자 색이 다른 이유

눈은 카메라에 비유되는데, 조리개에 해당하는 것이 홍채다. 눈을 정면에서 봤을 때 검은 눈동자 안으로 보이는 부분이다. 홍채 가운데에는 빛이 통과하는 동공이라는 창이 있다. 이곳을 통해 빛이 망막까지 전달된다. 홍채에는 멜라닌 색소가 있는데, 색소가 많으면 검거나 갈색 눈동자가 되고, 적으면 파란색이나 초록색 눈동자가 된다.

멜라닌 색소는 자외선을 차단하기 때문에 색소가 적으면 태양빛이 필요 이상으로 들어오게 된다. 파란 눈동자를 가진 사람은 멜라닌 색소가 적어 검은 눈동자를 가진 사람보다 자외선의 영향을 받기 쉽다. 하지만 스키장 같이 빛이 무척 강한 곳에서는 검은 눈동자든 파란 눈동자든 모두 선글라스를 써서 반드시 눈을 보호해야 한다.

인류는 환경에 적응하기 위해 진화해왔다. 즉, 적도와 가까워 햇빛이 강한 곳에 사는 인종일수록 눈이 까맣고, 반대로 적도에서 떨어져 있어 햇빛이 그리 강하지 않은 곳에서 사는 인종은 눈동자가 파란색에 가깝다. 북유럽 등에서는 특히 파란 눈이 많다.

물론 예외도 있다. 에스키모인 이누이트(Innuit) 족은 북극 가까이에 살지만 눈동자가 갈색이다. 이는 눈에 반사된 빛이 강하기 때문으로 여겨진다. 우리가 스키장에 펼쳐진 은빛 세계를 눈부시다고 느끼는 것과 마찬가지다.

그럼 눈동자 색에 따라 보이는 색도 다를까?

엄밀하게 말하면 반사된 빛이 눈에 들어오는 양이 다르므로 색도 살짝 다르게 보일 것이다. 그러나 물체를 봤을 때 색깔에 그리 큰 차이를 느끼지는 않는다. 왜냐하면 색을 구별하는 역할은 망막이 하기 때문이다.

그리고 멜라닌 색소가 적은 북미인과 유럽인은 태양빛을 많이 보게 되면 동양인보다 눈부심을 더 많이 느낀다. 따라서 그들에게는 눈을 보호하기 위한 선글라스가 필수품이다. 단순히 멋을 내기 위해 끼는 것이 아니다.

멜라닌 색소는 피부나 머리카락에도 포함되어 있다. 북미인과 유럽인은 멜라닌 색소가 적어 피부색도 하얗고 머리카락도 금발이 많다.

눈부신 빛을 쏘이면 아무것도 보이지 않는다?

빛이 들어오지 않는 어두운 곳에서는 책을 읽을 수 없고 입고 있는 옷 색깔도 알 수 없다. 이는 시세포의 성질로 어두운 곳에서는 '추상체'가 작동하지 않고 '간상체'만으로 물체를 볼 수 있기 때문이다.

방이 밝아지거나 어두워지면 홍채의 동공을 수축하거나 확장해 망막에 들어오는 빛의 양을 조절한다. 이 '대광반사(對光反射)'는 뇌사를 판단할 때 중요한 특징이 되기도 한다. 의사는 사망한 사람의 눈에 회중전등의 빛을 대고 동공이 열린 상태로 움직이지 않으면 사망진단을 내린다.

인간은 어두운 곳에서 밝은 곳으로 가면 잠깐 눈부심을 느끼지만 곧바로 적응한다.

이를 '명순응'이라 한다. 망막에서 빛을 느끼는 시세포의 색소체가 화학변화를 일으켜 빛을 느끼지 못할 때 일어나며 약 30초에서 1분 정도 지나면 회복한다.

반대로 밝은 곳에서 어두운 곳으로 가면 잠시 앞이 보이지 않게 되고 제대로 보일 때까지 시간이 걸리는데, 이를 '암순응'이라 부른다. 4~5분 정도 후에 회복되는데 화학변화를 일으킨 색소체를 재합성해야 하기 때문에 명순응보다 시간이 더 걸리는 것이다.

◆ 명순응과 암순응

명순응 ← → 암순응

원추세포 요돕신
재합성 ← → 분해

간상세포 로돕신
분해 ← → 재합성

간상세포에는 로돕신이라는 물질이 있다. 로돕신은 어두운 곳이나 빛이 약할 때 작용하기 때문에 강한 빛을 받으면 분해돼 물체가 보이지 않는다. 어두운 곳에서 갑자기 밝은 곳으로 가면 눈이 부셔 아무것도 보이지 않는 이유는 이 때문이다. 그러나 시간이 지나면 로돕신은 재합성된다.
이에 비해 원추세포는 강한 빛에 반응한다. 원추세포에는 요돕신이라는 물질이 있는데, 이 물질도 강한 빛을 받으면 분해돼 재합성될 때까지 시간이 걸린다. 로돕신과 비슷한 반응이 더 강한 빛에서 일어난다.

‘명순응’과 ‘암순응’을 한마디로 ‘명암순응’이라고 한다.

눈부신 빛을 쏘이는 것은 어두운 곳에서 밝은 곳으로 가는 것과 마찬가지로 ‘명순응’이라 금세 눈이 익숙해진다.

실은 ‘어두운 밤길에서 볼 때’와 ‘밝은 스키장에서 눈부심을 느낄 때’의 빛의 양은 100만 배나 차이가 난다. 동공의 직경은 약 2배 정도 차이 나며, 망막에 들어오는 빛의 양은 5배 정도만 조절할 수 있다.

망막의 감도는 ‘추상체’와 ‘간상체’가 각각 1,000배 정도 차이가 나는 빛의 세기를 느낄 수 있다. 게다가 ‘추상체’와 ‘간상체’를 전환해가며 1,000배나 되는 빛의 양의 변화에도 대응한다.

오랜 시간
휴대전화를 보면
시야가
흐려지는 이유

눈의 초점도 흐려진다

모처럼 찍은 기념사진이 흐릿하게 나왔다면 무척 실망스럽다. 그러나 눈으로 직접 보는 풍경이 초점이 흐리게 보여 일상생활에 장애가 생기면 실망만으로 끝나지 않는다.

물체를 잘 보기 위해서는 망막 위에 제대로 빛을 모아 초점을 맞춰야 한다. '멀리 있는 것을 볼 때'와 '가까이 있는 것을 볼 때'는 각각 상황에 맞춰 빛이 통과하는 길인 렌즈의 두께를 바꿔야 한다.

눈에서 초점을 조절하는 부위는 투명한 렌즈 역할을 하는 수정체다. 이 수정체는 섬모체라는 근육과 이어져 있다. 이 근육은 가까운 곳을 볼 때 수축해 수정체를 두껍게 만들어 빛을 크게 굴절시키고, 먼 곳을 볼 때는 이완해 수정체를 얇게 만들어 빛을 작게 굴절시켜 초점을 맞춘다.

장시간 컴퓨터나 휴대전화를 보거나 책을 읽으면 오랫동안 초점을 맞췄기 때문에 수정체를 둘러싸고 있는 섬모체가 긴장 상태가 된다. 섬모체의 긴장이 이어지면 피로해지고 제대로 초점을 조절할 수 없어 앞이 뿌옇게 보인다. 이것이 '안정피로'다. 앞이 흐리게 보이면 눈이 피로하다는 신호이니 잠시 눈을 감고 휴식을 취하거나 멀리 바라보면서 눈을 쉬게 하자.

 ### 근시와 난시는 왜 생길까?

근시와 난시로 안경이나 콘택트렌즈를 착용하지 않으면 초점을 맞출 수 없을 때 '눈이 나쁘다'라고 표현한다.

그런데 근시와 난시는 왜 생기는 것일까? 이는 눈의 초점 문제라 할 수 있다. 물체를 볼 때 물체에서 반사된 빛이 먼저 눈 앞면의 '각막'에서 크게 굴절된다. 각막은 빛을 통과시키기 위해 투명하며 혈관도 없다. 빛을 산란시키지 않고 굴절시켜 망막에 화상이 맺히도록 돕는다.

하지만 망막에 빛만 들어오면 우리는 물체의 형태를 볼 수 없다. 외부에서 들어온 빛의 초점이 제대로 맞춰져야만 화상이 뚜렷해진다. 망막은 안구로 들어온 빛의 자극을 신경 신호로 바꾸는 일을 담당할 뿐 초점을 맞추지는 않기 때문이다. 그런 이유로 '수정체'가 두께를 조절해 보고 싶은 물체에 초점을 맞춘다.

그런데 각막과 수정체의 굴절률이 크거나 안구의 앞뒤 길이가 길어져 망막 앞에서 초점이 맺히면 이를 '근시'라고 한다. 일반적으로 시력이 저하된 경우를 말한다. 이때 안경이나 콘택트렌즈의 오목렌즈로 교정하면 망막에 초점이 맺힌다.

이와 달리 '원시'는 각막과 수정체의 굴절률이 약해지거나 안구의 굴절률에 비해 안구의 앞뒤가 짧아져 망막 뒤에서 초점을 맺는 것을 말한다. 그래서 먼 곳은 잘 보이지만 가까운 곳은 잘 보이지 않는다. 이럴 경우에는 안경이나 콘택트렌즈의 볼록렌즈로 교정해 초점을 망막에 맞추도록 조절할 수 있다.

그리고 각막의 표면이 완전히 둥글지 않고 찌그러져 있어 방향에 따라 초점의 위치가 어긋나기도 하는데 이를 '난시'라고 한다. 즉, 빛을 굴절시키는 렌즈가 찌그러져 한 곳으로 빛을 모을 수 없는 것이다. 이런 경우 한 방향으로만 굴절시키는 원통형 렌즈를 사용해 각막으로 들어오는 빛을 조절한다.

마지막은 누구나 경험하게 되는 '노안'이다. 대개 마흔이 넘으면 원근 조절이 어려워진다. 수정체가 탄력을 잃고 굳어지는 바람에 초점을 맞추려고 무리하다 보면 금세 눈이 피로해진다.

가까운 곳을 볼 때만 돋보기를 쓰거나 위아래에 초점 거리가 다른 렌즈(다초점 렌즈)를 끼운 안경을 사용하기도 한다.

점차 나이가 들어감에 따라 수정체 전체가 투명함을 잃고 뿌옇게 되는데, 이것이 '백내장'이다. 이때는 물체가 잘 보이지 않는데, 안경이나 콘택트렌즈로는 소용이 없고 수술을 해야만 좋아진다.

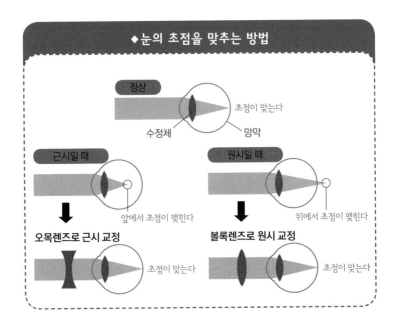

◆눈의 초점을 맞추는 방법

정상
수정체 　 초점이 맞는다
　 망막

근시일 때
앞에서 초점이 맺힌다

원시일 때
뒤에서 초점이 맺힌다

오목렌즈로 근시 교정
초점이 맞는다

볼록렌즈로 원시 교정
초점이 맞는다

눈에는 '손 떨림 방지 기능'이 있다

지하철에서 얼굴은 정면을 향한 상태로 눈동자만 옆으로 움직여 옆 사람이 읽는 신문이나 잡지를 살짝 엿본 적이 있을 것이다.

눈은 상하좌우로 자유롭게 움직여 물체를 볼 수 있는데, 이는 안구에 6개의 근육이 있기 때문에 가능한 일이다. 이 근육들은 머리나 몸 전체를 움직여도 흔들림 없이 시선을 일정하게 유지하여 화상이 움직이지 않도록 해준다. 즉, '손 떨림 방지 기능'이 갖춰져 있는 것이다.

시험적으로 이 책을 들고 글자를 읽으면서 머리를 상하좌우로 움직여보자. 아마 시선이 책에 고정되어 글자를 읽을 수 있을 것이다.

그럼 다음으로 머리를 움직이지 말고 책을 상하좌우로 마구 움직여보자. 눈동자가 책의 움직임을 쫓아가지 못해 글자를 읽을 수 없고 어지러움을 느낄 것이다.

이렇듯 '얼굴을 움직일 때'와 '책을 움직일 때'는 전혀 다르다. 여기에는 눈뿐만 아니라 귀도 관련이 있다.

뇌에는 얼굴의 움직임을 느끼고 그에 맞춰 눈을 움직이는 기능이 있다. 머리를 상하좌우로 움직이면 귀 안쪽에 있는 '반고리관'에서 회전운동을 감지한다. 이 정보가 뇌로 전해지면 뇌는 '머리가 움직이는 반대 방향으로 눈을 회전해'라고 눈 근육에 명령을 내린다.

이 움직임으로 몸이나 머리가 움직여도 눈에 들어오는 화상이 흔들리지 않는 것이다.

이처럼 '손 떨림 방지 기능' 덕분에 달리는 전철 안에서도 책을 읽을 수 있는 것이다.

귀가 몸의 균형을 잡는다

평소에는 잘 느낄 수 없지만, 몸의 균형을 유지하는 평형 감각은 실로 중요하다. 평형감각에 문제가 생기면 외부와 자신의 위치 관계를 제대로 파악하지 못해 어지러움을 느끼는데, 이것이 '어지럼증'이다.

평형감각을 담당하는 기관은 귀의 가장 안쪽 내이(內耳)에 존재하며 '전정기관'이라고 한다. 전정기관은 세반고리관, 타원주머니, 둥근주머니로 이루어져 있는데 세반고리관은 반고리관이라 불리는 세 개의 반원형 관이 이어진 것을 말한다.

이들 주머니 안에는 감각모라 불리는 털이 밀집한 유모세포와 림프액이 있다.

몸의 움직임에 맞춰 흐르는 림프액에 자극을 받은 유모세포가 움직임을 느껴 몸의 균형을 잡게 된다.

세반고리관은 주로 머리의 회전을 감지하며, 타원주머니는 수직 방향을, 둥근주머니는 수평 방향을 감지한다. 그래서 이 기관이 제대로 기능하지 못하면 균형감각을 잃고 불안정해져 걷지 못하게 되는 것이다.

눈과 귀는 성격이 다른 기관이라고 여기기 쉽지만, 실제로는 함께 움직인다.

◆ 머리의 움직임에 맞춰 눈이 움직인다

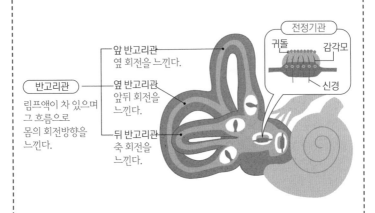

전정기관
귀돌　감각모
신경

앞 반고리관
옆 회전을 느낀다.

반고리관
림프액이 차 있으며
그 흐름으로
몸의 회전방향을
느낀다.

옆 반고리관
앞뒤 회전을
느낀다.

뒤 반고리관
축 회전을
느낀다.

전정기관이 가속도를 느낄 때

급정차　　주행 중　　발진할 때

좌우 움직임을 감지한다.

반고리관이 머리의 회전을 느낄 때

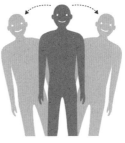

머리가 회전하면
림프액이 흐르고
감각모가 기울어진다.

인간은
어느 정도의
소리까지 견딜 수
있을까?

어떻게 소리를 구별할까?

말하는 목소리나 소리가 잘 안 들릴 때 많은 사람이 손바닥을 귀 뒤로 가져간다. 그러면 소리가 잘 들린다.

눈에 보이는 귀는 '귓바퀴'라 불리며, 소리를 모으는 역할을 한다.

귀에 손바닥을 대면 귓바퀴의 면적이 넓어져 소리가 잘 들리는 것이다. 그리고 귓바퀴가 울퉁불퉁한 이유는 미묘한 소리를 잘 듣기 위해서라는 설이 있다.

귀는 연골로 이루어져 있으며 귓불에는 연골 없이 지방조직만 있어 구멍을 뚫어 귀고리를 할 수 있다.

소리는 어릴 때 실 전화기 실험에서 경험해봤듯이, 공기의 진동으로 만들어진다.

귓바퀴에서 모아진 소리는 먼저 외이도라는 소리의 통로에서 '고막'으로 전달된다. 고막은 가로축 9mm, 세로축 8mm, 두께 0.1mm 정도인 원뿔 모양으로 진주색을 띠며 고무처럼 탄력 있는 얇은 막이다.

소리가 귀 안으로 들어가면 고막은 큰 소리에는 크게, 높은 소리에는 작게 진동한다. 그러면 고막에 붙어 있는 '귓속뼈'로 그 소리가 전해진다. 귓속뼈는 몸에서 가장 작은 뼈로 쌀알보다 작은 망치뼈, 등자뼈, 모루뼈로 이루어져 있다. 이 뼈는 지나치게 큰 소리를 작게 조절한다.

그리고 소리의 진동은 귀의 중심이라 할 수 있는 달팽이관으로 전해진다. 달팽이관은 이름 그대로 달팽이 형태인 뼈로 둘러싸인 기관으로 안에는 음파를 감지하는 감각세포가 있다.

감각세포는 소리의 높이에 따라 반응하는 위치가 다르다. 피아노 건반처럼 '도'를 누르면 '도' 소리만 나오는 구조다. 소리의 진동은 반응하는 키(세포)를 찾기 위해 건반 위를 지나친다. 달팽이관 입구 부근에서는 높은 소리에 반응하며 깊이 들어갈수록 낮은 소리에 반응한다.

그리고 키를 찾으면 그 자극을 뇌로 전달해 무슨 소리인지를 판단한다. 이렇게 소리가 전달되는 것을 '공기전도'라고 한다.

자신의 목소리를 영상이나 녹음된 음성으로 들었을 때 다른 사람의 목소리처럼 들린 경험이 있을 것이다. 이는 그 소리가 공기전도를 통해 들리기 때문이다.

우리가 귀로 듣는 소리에는 공기를 통해 전달되는 것(공기전도)

◆ 소리의 기준(데시벨)   출처: 『도쿄도 환경백서』 2010

120	비행기 엔진과 가까운 곳
110	자동차 경적소리(전방 2m)
100	전철이 지나가는 고가도로 아래
90	큰 목소리의 독창, 시끄러운 공장 안
80	지하철 차량 안(창문을 열었을 때), 피아노
70	청소기, 시끄러운 사무실
60	평소의 대화, 벨소리
50	조용한 사무실
40	심야의 시내, 도서관
30	소곤거리는 소리
20	나무의 잎이 흔들리는 소리

* 소리의 크기
인간의 귀로 느끼는 소리의 크기는 물리적으로 똑같아도 주파수의 고저에 따라 다른 크기로 들릴 수 있다.
따라서 인간의 귀로 느끼는 소리의 크기와 비슷한 음량을 측정한다. 측정한 수치를 소음 레벨이라 하고, 단위는 '데시벨(㏈)'을 사용한다.

과 머리뼈를 통해 전달되는 것(골전도)이 있다. 평소 자신의 목소리는 머리뼈를 통해 전달되지만, 녹음한 것은 공기를 통해 전달된다. 그런 이유로 자신의 목소리임에도 다른 사람의 목소리처럼 들리는 것이다.

그 목소리는 주변 사람에게 들리는 목소리일 뿐 다른 소리가 아니다. 그저 전달 방식이 다를 뿐이다.

인간은 어느 정도의 소리까지 견딜 수 있을까?

모든 소리를 들을 수 있다는 것이 꼭 좋은 것만은 아니다. 자신이 좋아하는 음악이 다른 사람에게는 수면이나 일을 방해하는 장애물이 되기도 한다.

그리고 평소에는 신경 쓰이지 않던 소리가 초조할 때는 시끄럽게 들리기도 한다.

그렇다면 인간이 생리적으로 견딜 수 있는 소리는 과연 어느 정도일까?

청력은 데시벨(dB)이라는 소리의 단위로 표시한다. 나뭇잎이 흔들리는 소리가 대략 20dB이며, 소곤거리는 소리는 30dB이다.

일상생활에서 45dB 이하일 때 '조용하다'라고 느끼는데, 가장 좋은 환경은 40~60dB이다. 이를 넘어서면 '시끄럽다'라고 느끼며 스트레스를 받는다.

전철 안에서 창문을 열었을 때의 소리가 80dB인데, 이런 소리를 지속해서 들으면 식욕이 떨어지고 청력장애가 생길 수 있다.

자동차 경적소리와 전철이 지나치는 고가도로 아래의 소리가 100dB로, 이런 소리를 들으면 심장이 두근거리기 시작한다.

그리고 비행기 프로펠러 소리와 가까이에서 들리는 천둥소리가 120dB로, 이를 넘어서는 소리를 들으면 귀가 아파와 육체적인 고통을 '견딜 수 있는 한계'에 부딪힌다.

제트 엔진이 가까이에 있을 때 들리는 소리가 140dB로 이때는 청각 기능에 이상이 생긴다.

참고로 150dB 이상이 되면 고막이 터진다.

전철에서 이어폰으로 음악을 듣는 경우 그 소리가 새어나가 주변에까지 들릴 때가 있다. 이 정도 음량은 상당히 큰 것으로 청각 장애를 일으킬 위험이 있으니 주의해야 한다.

 가장 작은 뼈가 가장 크게 작용해 소리를 전달한다
고막과 귓속뼈가 있는 부분을 '중이'라고 하는데, 이곳에는 공기가 차 있다. 공기는 눈에 보이지 않지만 기압이라는 물체를 누르는 힘이 있다. 고도가 높아질수록 기압은 내려간다.

비행기에 타거나 높은 빌딩의 엘리베이터에 탔을 때 귀가 멍해지고 아팠던 경험이 있을 것이다. 이것은 고도가 높아지면 기압이 내려가 고막을 바깥쪽에서 누르고 있던 공기의 힘이 약해지고 안쪽에서 누르는 힘은 커져 생기는 현상이다. 이렇게 기압이 급격히 변하면 약한 쪽으로 고막이 당겨져 귀가 멍멍해진다.

이럴 때 모두 침을 삼킬 것이다. 귀에는 귀인두관이라는 코와 목으로 이어지는 공기 길이 있다. 평소에는 닫혀 있지만 침을 삼키거나 입을 크게 벌리면 일시적으로 열려 공기가 나가고 기압이 조절된다.

따라서 침을 삼키면 고막 내외의 기압이 같아져 멍멍한 느낌이 사라진다.

'그렇다면 항상 귀인두관을 열어두면 괜찮겠지'라고 생각하는 사람도 있을 것이다.

그러나 코와 목은 외부와 연결되어 있어 귀인두관을 열어두면 세균 등이 침입한다. 감기에 걸렸을 때 중이염이 동반되는 경우가 많은 것도 귀와 코가 연결되어 있기 때문이다.

이런 위험에도 불구하고 가운데귀에 공기가 차 있는 이유는 무엇일까? 앞서 설명했듯이 고막에서 귓속뼈를 통해 소리를 전하기 위해서다.

실제로 소리를 구분하는 것은 달팽이관이다. 달팽이관에는 림프액이 차 있다.

공기를 지나쳐온 음파를 림프액에 전하는 것은 공기와 물의 밀도가 달라 무척 어렵다. 공기의 진동이 가벼워 물 표면에서 되돌아온다. 그래서 귓속뼈를 통해 고막의 진동을 지렛대의 원리로 1.7배 정도 크게 만든다.

이런 작용 덕분에 약 60%의 소리 진동을 달팽이관에 효율적으로 전달할 수 있다. 그리고 귓속뼈에 붙어 있는 근육은 큰 소리일 때 달팽이관이 손상되지 않도록 소리의 크기를 억제하는 역할을 담당한다.

콧구멍은
왜
두 개일까

콧구멍은 교대로 호흡한다

콧구멍은 왜 두 개인 걸까? 대부분의 사람들은 좌우의 콧구멍이 동시에 공기를 들이마신다고 생각할 것이다.

그러나 실제로 코는 구멍을 교대로 사용해 호흡한다.

몸에 많은 산소가 필요하지 않을 때는 한쪽 코선반(코안의 점막으로 덮인 주름)을 확장(충혈)시켜 공기가 통하는 길을 막는다. 그렇게 한쪽 코를 쉬게 해 효율적으로 호흡한다. 즉, 코는 에너지를 절약하며 일하는데, 이로써 민감한 후각이 쉴 수 있는 것이다.

좌우 콧구멍을 교대로 사용하면 공기를 흡입하는 양이 많아지

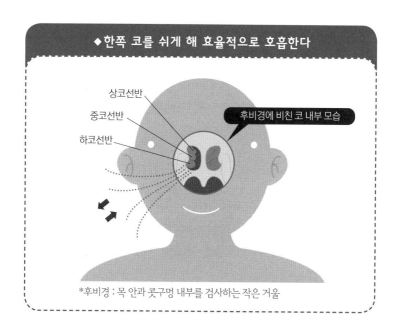

◆한쪽 코를 쉬게 해 효율적으로 호흡한다

상코선반

중코선반

하코선반

후비경에 비친 코 내부 모습

*후비경 : 목 안과 콧구멍 내부를 검사하는 작은 거울

는 쪽이 생긴다. 그러면 '잘 흡입하는 쪽'이 생겨 좌우 콧구멍에 냄새를 판단하는 능력에도 차이가 생긴다. 공기가 더 잘 통하는 쪽이 냄새도 더 잘 맡는다.

좌우가 교대하는 주기는 개인차가 있지만 대부분 1~2시간 정도다.

 ### 냄새는 어떻게 맡을까?

후각은 위험으로부터 몸을 보호하는 데 매우 중요한 역

할을 한다.

그래서 동물의 후각은 상당히 발달했다. 이에 반해 인간은 기술적, 문화적인 생활을 누리면서 점차 후각이 퇴화했다. 비록 퇴화했다고는 해도 후각은 역시 생활하는 데 매우 중요한 감각이다.

냄새를 맡는 것은 코 안에서 가장 위에 있는 우표 한 장 크기의 후각기관이다. 이곳에는 후점막이 있으며 그 속의 '후구'라는 수용세포가 냄새를 느낀다.

맛에는 달고, 쓰고, 짜고, 시고, 감칠나는 기본 맛이 있듯이, 냄새에도 기본 냄새가 있다.

썩은 냄새, 자극적인 냄새, 에테르, 장뇌(녹나무에서 추출한 물질로 향이 강해 방충·방부제로 쓰였으며, 의식불명, 토사, 복통 등의 약재로도 쓰인다.-옮긴이), 사향(사향노루의 사향샘에서 얻은 향료. 강심제, 각성제로 쓰인다.-옮긴이), 방향(芳香, 흔히 아로마라 불리며 꽃 향기 등 좋은 냄새를 말함-옮긴이), 박하 등의 냄새를 후구가 판단한다.

인간의 냄새 수용세포는 약 500만 개지만, 개는 약 2억 개로 인간보다 훨씬 우수하다. 게다가 개의 후각은 인간과 비교할 수 없을 만큼 민감해서 땀의 성분을 맡는 능력만 보더라도 인간보다 100만~1억 배 정도 뛰어나다.

한편 코가 막히면 냄새를 맡지 못하는 이유는 무엇일까? 무의식적으로 입으로 호흡하기 때문에 공기의 흐름이 바뀌어 '후구'

까지 전달되지 않기 때문이다.

일상적으로 호흡할 때는 코 안에서 공기가 아래로 흘러가 냄새가 밖으로 나가고 만다. 이때 킁킁 짧게 호흡하면 공기가 효율적으로 후구까지 전달되어 냄새를 잘 맡을 수 있다.

그러나 후각은 매우 섬세하고 쉬이 피로해지기 때문에 처음에는 냄새를 느껴도 조금 시간이 지나면 둔해져 아무것도 느끼지 못하게 된다.

가스 냄새조차도 느끼지 못하게 되는데, 이것이 가스 중독을 일으키는 원인이기도 하다.

코를 쥐면
왜 맛을 느끼지
못할까?

맛과 냄새는 종합적인 감각

음식 맛을 느낄 수 있는 것은 단순히 미각 때문만은 아니다. 냄새의 영향도 크다.

눈앞에 딸기 맛 빙수와 멜론 맛 빙수가 있다고 하자. 코를 쥐어 냄새를 맡지 못하게 하면 무슨 맛을 먹고 있는지 알 수 없고 '단맛'만 느끼게 된다. 딸기나 멜론 맛 시럽은 향료의 냄새와 색으로 구분할 수 있기 때문이다.

미각은 다른 자극보다도 외부 자극에 민감해 시각과 후각 등에 큰 영향을 받는다. 특히 냄새가 사라지면 달거나 매운 감각은 느낄 수 있지만 '맛있다'라고 느끼지는 못한다.

맛도 냄새도 '수용세포'가 특정 물질에 반응해 그 자극이 신경을 통해 뇌에 전달되어 느낄 수 있다. 즉, 두 가지 모두 뇌가 판단하는 감각이어서 음식을 입에 넣어 미각과 후각의 자극을 동시에 받으면 뇌는 어디서 온 자극인지 혼동한다. 한마디로 두 자극을 종합해 '맛'의 요소로 느끼는 것이다.

인간이 음식물을 입에 넣을 때 안전한지를 먼저 냄새로 확인한 후 '안전'하다고 판단하면 안심하고 입에 넣어 맛을 느낀다. 따라서 맛과 냄새는 종합적인 감각이다.

그래서 코가 막히거나 코를 쥐어 냄새를 맡지 못하면 맛도 느낄 수 없다.

 맛은 어떻게 느끼는 걸까?

거울 앞에 서서 혀를 잘 관찰해보자.

혓바닥에 알맹이들이 돋아 있는 모습을 볼 수 있을 것이다. 이 알맹이는 설유두라는 돌기로 여기에 맛의 수용기관인 '맛봉오리(미뢰)'가 있다. 꽃봉오리와 닮아서 맛봉오리라 불리는 이 기관은 혀 전체에 5천~1만 개가 퍼져 있다.

잘 씹어 침과 섞인 음식물의 성분은 맛봉오리 끝의 미공이라는 구멍으로 들어간다. 그러면 미각 세포는 이 자극을 뇌로 전달해 처음으로 맛을 느낀다.

인간이 느끼는 기본 맛은 '짠맛' '신맛' '단맛' '쓴맛'으로 네 종류다. 그러나 현재는 다시마 등의 '감칠맛'도 기본 맛의 하나로 알려져 있다.

참고로 '매운맛'은 통각 수용기관에서 감지하는 통증의 일종으로 미각에는 포함되지 않는다.

설유두에는 사상유두, 용상유두, 엽상유두, 유곽유두 네 종류가 있으며 주로 사상유두 이외의 설유두에 맛봉오리가 있다. 그러나 뜨거운 것과 차가운 것을 한 번에 입에 넣으면 맛봉오리가 마비되어 맛을 느낄 수 없다. 일반적으로 사람의 혀는 체온과 비슷한 20~40℃에서 가장 민감하다고 한다.

용상유두의 맛봉오리는 유아기에는 볼 수 있지만 나이가 들수록 감소해 성인이 되었을 때는 잘 볼 수 없다고 알려져 있었다.

그런데 성인이 되어도 용상유두에 맛봉오리가 있다는 사실을 증명한 사람이 있다.

일본 규슈(九州) 치과대학의 준교수 세타 유지(瀬田祐司)는 대학원생이었던 30세 때 대담하게도 자신의 혀에서 5mm²의 조직편을 잘라 그 절편을 현미경으로 관찰했다. 조직편에는 수십 개의 맛봉오리가 있는 용상유두가 있었다.

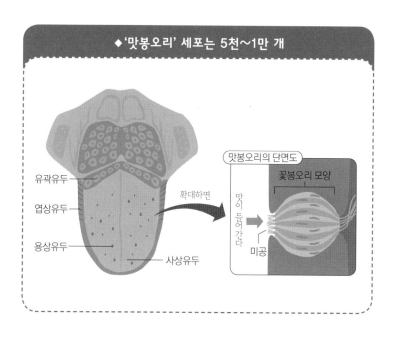

◆ '맛봉오리' 세포는 5천~1만 개

유곽유두

엽상유두

용상유두

사상유두

확대하면

맛봉오리의 단면도

꽃봉오리 모양

맛이 들어간다

미공

이렇게 용상유두의 맛봉오리가 성인이 되어도 존재한다는 것을 연구자가 몸소 확인해 증명했다.

피부에는 다섯 가지 감각이 있다

손가락에 상처가 나 반창고를 붙이면 책장을 잘 넘길 수 없거나 물건을 집기 어려워진다. 이처럼 평소에 하던 행동을 잘 못하게 되는 것은 반창고 하나로 손의 감각, 피부의 감각이 달라졌기 때문이다.

피부는 외부에서 유해물질이 들어오는 걸 방지해 몸 내부를 지킨다. 열이나 빛을 차단하고 뭔가에 부딪쳤을 때 충격을 완화할 뿐만 아니라 세균의 번식과 감염을 막기도 한다.

반창고를 붙였거나 얼굴에 머리카락이 한 올이라도 붙어 있으면 뭔가 이상한 느낌이 드는데, 이는 '촉각'이라는 감각 때문이다. 피부에는 촉각 이외에도 압각, 통각, 온각, 냉각이라는 다섯 가지 감각을 감지하는 감각기관이 있다.

촉각은 '피부가 물체에 닿았을 때의 감각', 압각은 '압력을 느끼는 감각', 통각은 '통증을 느끼는 감각', 온각은 '따뜻함을 느끼는 감각', 냉각은 '차가움을 느끼는 감각'이다.

이 중에서도 흥미로운 것은 온각과 냉각은 16~40℃에서는 작용하는데 15℃ 이하나 40℃ 이상이 되면 통각이 반응해 통증을 느낀다는 점이다.

이는 일종의 방어반응으로 뜨거운 물에 들어가면 '통증'을 느껴 위험으로부터 몸을 보호하게 되는 것이다.

그렇다고 민감한 것이 좋은 것만은 아니다. 손가락 끝이 너무 민감하면 물체를 만지는 것이 불쾌해진다.

필요한 감각에는 민감하게 반응하고 불필요한 감각에는 둔감하게 반응하는 것도 중요하다.

 얼굴은 닿는 것에 민감하다

피부의 민감함을 알아보는 데는 두 가지 방법이 있다.

첫째는 '조금 떨어진 두 곳의 자극을 각각 다른 자극이라고 판단하는가'를 알아보는 것이다. 이는 '두 점 식별능력'이라고 하는데, 예를 들어 손가락 끝은 자극 대상이 2~3mm만 떨어져 있어도 두 자극을 구별할 수 있다. 그래서 점자를 읽을 수 있는 것이다.

그리고 손바닥에는 작게 써도 무슨 글자인지 알 수 있는데, 등에는 크게 쓰지 않으면 무슨 글자를 썼는지 알 수 없다. 즉, 의외로 등은 신체 가운데 둔감한 부위라는 의미다.

입술과 코, 볼은 5~10mm, 발가락과 발바닥은 10~20mm, 배, 가슴, 등 다리는 30~45mm 떨어져야만 두 곳의 자극을 구별할 수 있다. '2~3mm'라는 숫자를 보고 손가락 끝이 매우 민감하다고 느낄 테지만, 또 다른 방법으로 알아보면 결과가 다르다.

피부의 민감함을 알아보는 두 번째 방법은 '어느 정도 세기의 자극을 느끼는가'라는 '역치'의 기준으로 반응을 재보는 것이다. 말하자면 압박받는 힘의 세기를 측정하는 것이다.

이 방법으로 측정하면 얼굴과 혀가 5~10mg, 손가락과 배, 가슴, 팔이 100mg 전후, 다리는 150~200mg 정도의 자극에 반응하는 것으로 나타나며, 손가락보다 얼굴이 민감하다는 것을 알 수 있다.

이처럼 민감함도 힘을 가해서 측정하는가, 자극의 위치를 정확하게 판단하는가에 따라 차이가 있다. 여기에는 이유가 있다.

손가락은 물체의 형태와 촉감을 판단하지만, 얼굴은 그렇지 않다. 우리는 얼굴에 조금이라도 물체가 닿으면 '위험'하다고 판단해 피한다. 즉, 신체의 부위별로 감각을 느끼는 역할이 달라 민감함의 성질에도 차이가 생기는 것이다.

이외에도 온도와 통증의 감각도 다르다. 전신의 피부에는 따뜻함을 느끼는 온점과 차가움을 느끼는 냉점, 통증을 느끼는 통점이 있다.

그러나 손가락 끝에는 냉점과 통점의 수가 적다. 반면 코 점막과 가슴에는 냉점이 많은데 그 이유는 그 부위가 차가워지면 안 되는 곳이기 때문이다. 통점이 많은 곳은 아래팔(손목에서 팔꿈치까지를 말함)과 넓적다리 등으로 이곳은 평소에 옷을 입어서 보호되는 부위다.

손가락 끝은 상처와 냉기에 노출되기 쉬운 부위로 차가움과 통증의 감각이 둔하지만 뜨거운 것에는 민감하다.

피부라는 한 단어로 표현하지만 그 부위에 따라 역할이 다르며, 그에 따라 민감함과 둔감함에도 차이가 생긴다.

손목의 움직임은 세 가지 운동의 조합

손목은 여러 각도로 움직일 수 있다. 이러한 손목의 움직임을 자세히 살펴보면 세 가지 움직임이 조합된 것임을 알 수 있다.

첫 번째는 '부르기'다. 이는 굴곡과 신전(伸展)이라는 운동으로 손목을 위아래로 굽히거나 늘리는 운동이다.

두 번째는 '안녕'이다. 이는 외전(外轉)과 내전(內轉)이라는 운동으로 손목을 엄지손가락 쪽으로 기울이거나 새끼손가락 쪽으로 기울이는 운동이다.

세 번째는 '수건 짜기'다. 이는 회내(回內)와 회외(回外)라는 운동으로 손목을 비트는 운동이다.

이중 '부르기'와 '안녕'은 손목만을 사용한 움직임으로 손목의 조금 아래를 눌러도 가능하지만 세 번째 '수건 짜기'는 불가능하다. 왜냐하면 '수건 짜기'는 팔뼈가 관여하기 때문이다. 손목부터 팔꿈치까지 이르는 아래팔에는 두 개의 뼈가 있다. 이 두 개의 뼈가 손목을 비틀면 함께 비틀어져서 동작이 가능한 것이다. 그래서 손목의 조금 아래를 누르면 뼈가 고정되어 비틀 수 없게 된다.

병뚜껑을 닫거나 나사를 조일 때는 세 번째의 비틀기 운동을 이용한다. 뚜껑이나 나사를 조일 때 오른손잡이는 바깥쪽으로 돌리는 '회외'의 운동이 필요하며, 반대로 풀 때는 안쪽으로 돌리는 '회내' 운동이 필요하다.

위팔두갈래근을 이용해 병뚜껑 돌리기

병뚜껑을 닫거나 나사를 조이려면 팔을 비틀면서 힘도 써야 한다. 이때 우리는 어떤 근육을 사용할까? 지금 한번 확인해보자.

일단 팔에 알통을 만들어보자. 이때 손바닥이 눈앞에 있고 손목은 앞으로 꺾여 있을 것이다. 이렇게 하지 않으면 힘이 들어가지 않는다.

실험적으로 손등을 앞으로 해 알통을 만들어보자. 어떤가? 힘이 들어가지 않아 근육이 말랑말랑할 것이다. 이렇게 알통을 만드는 근육이 위팔두갈래근이다.

힘을 주어 병뚜껑을 닫거나 나사를 조일 때는 반드시 팔꿈치를 굽혀야 하는데, 그렇지 않으면 위팔두갈래근에 힘이 들어가지 않는다.

그리고 병뚜껑과 나사는 시계방향, 즉 오른쪽 방향으로 조이

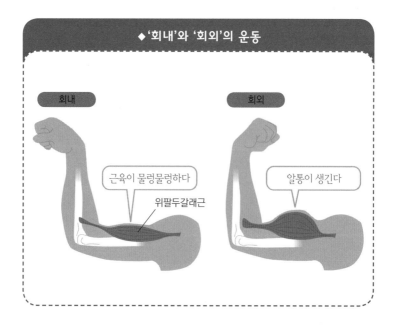

◆ '회내'와 '회외'의 운동

회내

회외

근육이 물렁물렁하다

위팔두갈래근

알통이 생긴다

게 되어 있다. 이는 오른손잡이가 많고, 해부학적으로 오른손잡이는 오른쪽으로 돌렸을 때 힘을 주기 쉽기 때문이다.

병뚜껑과 핸들을 돌릴 때의 차이는

오른손으로 물체를 돌릴 때 '반시계방향'으로 힘을 주는 것이 쉬울 때가 있는데, 자동차의 핸들을 오른손만으로 돌릴 때나 팔씨름을 할 때가 대표적이다. 이때는 병뚜껑을 돌릴 때와 반대 방향으로 오른팔을 움직이는 것이 안정적이다.

그렇다면 그 이유는 무엇일까?

이러한 행위를 잘 살펴보면 병뚜껑을 돌릴 때와 핸들을 돌릴 때 움직이는 관절이 다르다. 병뚜껑을 돌릴 때는 아래팔의 회내와 회외 운동이 필요하지만, 핸들을 돌릴 때는 어깨관절의 위팔뼈(팔꿈치에서 어깨까지 뻗어 있는 한 개의 뼈)를 빙글빙글 돌리는 '회선운동'이 필요하다.

빙글빙글 돌리는 운동으로 힘이 들어가는 근육은 큰가슴근이라는 가슴 앞 근육과 넓은등근이라는 등 근육이다. 즉, 이 두 근육의 움직임 덕분에 오른손으로 핸들을 반시계방향으로 돌리면 힘이 강해지는 것이다.

어깨 결림을
막으려면 등세모근을
발달시켜라

어깨의 구조는 의외로 불안정하다

평소에는 팔의 무게를 느끼는 일이 없지만, 피곤하거나 어깨가 뭉치면 팔이 축 처진 듯 무겁게 느껴지는 사람이 많을 것이다.

실제로 팔은 상당히 무거워서 팔 하나는 몸무게의 16분의 1 정도를 차지한다. 몸무게가 60kg인 사람의 한쪽 팔 무게는 약 3.75kg으로 양팔의 무게는 7.5kg이나 된다. 그런 이유로 팔을 받치는 어깨는 항상 긴장되어 있다.

어깨는 몸 앞쪽의 빗장뼈와 몸 뒤쪽의 어깨뼈로 구성되어 있다. 여기에 팔이 축 늘어져 있는 구조로 무척 불안정해 어깨뼈에 붙어 있는 등세모근(승모근)이라는 큰 근육 등이 골격을 보강한다.

등세모근은 팔의 무게를 떠받쳐야 하기 때문에 가만히 있어도 항상 긴장해 근육이 수축되어 있다. 근육은 수축할 때마다 에너지를 사용하므로 팔을 늘어트리고 있기만 해도 에너지를 끊임없이 소비하게 된다.

에너지를 만드는 데는 산소가 필요하다. 산소는 혈액순환이 나쁘면 전달되지 않으니, 항상 어깨를 움직여 혈액순환을 도와야 한다.

그런데 일상생활에서 팔을 움직이는 일은 있어도 어깨까지 움직여 등세모근을 움직이는 일은 거의 없어 혈액순환이 나빠지기 쉽다. 여기에 팔을 사용해 들어올릴 물건의 무게 전부를 등세모근이 끌어올리기 때문에 더욱 부담이 커진다. 그러므로 살이 찌면 팔도 무거워져 어깨는 큰 부담을 느끼게 된다.

이렇게 등세모근의 긴장상태가 이어져 혈액순환이 나빠진 상태를 '어깨 결림'이라 한다.

 스모 선수는 어깨가 잘 결리지 않는다
평소에도 팔로 물체를 잡고 끌어당기는 운동을 하는 사

람은 등세모근이 잘 발달되어 있다. 그 좋은 예가 바로 스모 선수다. 스모 선수의 어깨는 불룩 올라와 있는데, 이는 지방이 아니라 등세모근이다.

등세모근이 발달하면 팔을 받치는 힘이 강해져 어깨가 잘 결리지 않는다. 스모 선수에게 어깨 결림이 없는 이유는 등세모근을 항상 단련하기 때문이다.

따라서 어깨 결림을 방지하려면 어깨를 움직여 혈액순환을 좋게 만들거나 등세모근을 단련하는 것이 효과적이다. 어깨가 결릴 때 어깨 마사지를 받거나 스스로 어깨를 움직이곤 하는데, 이는 과학적으로도 올바른 방법이라 할 수 있다.

'오십견'의 정체

일상생활에서 어깨를 움직이는 횟수가 적어도, 자주 움직이는 습관을 들이면 빙글빙글 잘 돌아갈 정도로 가동 범위가 커진다. 이는 어깨 관절이 공과 받침 접시의 형태이기 때문이다. 하지만 받침 접시의 깊이가 특히 얕아서 부하가 걸리면 공이 빗겨나가 버린다. 즉 어깨가 빠지기 쉽다. 이처럼 뼈마디나 연골 등이 정상적인 운동범위를 벗어나는 것을 탈구 또는 탈골이라고 한다.

인간의 몸은 놀랄 만큼 섬세하게 만들어져 있어서 어깨 관절이 쉽게 빠지지 않도록 하는 장치를 두고 있다. 바로 어깨뼈의 앞면과 뒷면에 네 개의 근육이 위팔뼈를 끌어안듯 붙어 있는 것이다. 이것을 회전근이라고 한다.

이 근육에서 나온 힘줄은 다른 부분의 것보다 길고 판 모양을 하고 있다. 이 힘줄이 위팔뼈에 붙어 있는 모습이 와이셔츠의 소맷부리와 닮아 영어로는 '로테이터 커프(Rotator cuff muscle)'라고도 하는데, 직역하면 '회전판 소맷부리 근육' 정도가 된다.

회전근은 어깨 관절이 빠지지 않는 구조로 만들어져 있다. 어

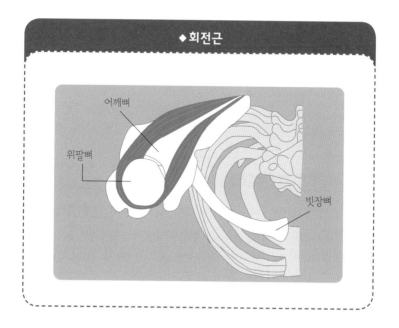

◆회전근

어깨뼈

위팔뼈

빗장뼈

깨 관절은 받침대가 얇은데다 뼈가 있고 좁은 공간에 둘러싸여 있어 무척 정교하게 이루어져 있다.

그리고 어깨 관절도 나이가 들면서 약해져 손상되기 쉽다. 약간의 자극에도 상처가 생겨 좁은 공간에서 염증을 일으켜 붓는다.

이렇게 염증이 생기면 아파서 팔을 들어올릴 수 없는데, 이 상태가 흔히 말하는 '오십견'이다. 즉, '오십견'의 주원인은 '회전근의 손상'이라 할 수 있다. 염증이 생긴 급성 '오십견'인 경우 움직이지 말고 안정을 취하는 것이 중요하다.

그러나 오랫동안 움직이지 않으면 어깨 관절의 가동범위가 좁아지므로 통증이 사라지고 움직일 수 있게 되면 '다리미 체조'를 해보자. 다리미 체조는 다리미 정도의 무게를 지닌 물건을 들고 팔을 가볍게 흔들 듯 움직이는 운동이다. 어깨 관절을 반복적으로 움직이면서 꾸준히 운동하면 가동범위를 넓게 유지할 수 있다.

 젖산은 피로물질?

어깨 결림이나 근육통의 원인은 근육에서 발생하는 피로물질인 '젖산' 때문이라고 알려져 있다. 그런데 최근에는 젖산이 피로물질이 아니라는 주장도 제기되고 있다.

과연, 젖산은 피로물질이 아닐까?

인간은 활동할 때 산소를 사용해 포도당을 에너지로 바꾸는데, 산소가 없는 곳에서 포도당을 분해할 때 발생하는 물질이 젖산이다.

젖산은 순발력이 필요한 씨름이나 단거리 육상과 같이 1분 이내의 운동, 즉 '무산소 운동'을 할 때 체내에 일시적으로 쌓인다.

이에 비해 1분 이상 운동을 하면 산소를 활용해 포도당을 에너지로 바꾸는데 이를 '유산소 운동'이라고 한다.

요컨대 산소가 부족한 상태에서 포도당을 분해해 근육을 수축시키면서 점점 에너지를 사용하면 젖산이 쌓인다. 그러나 이 상태로는 에너지가 금세 고갈되어 산소를 사용해 에너지를 만들려고 노력한다. 그러나 근육에 산소가 도착하려면 시간이 걸리는데 그 사이에 발생한 젖산을 당으로 바꿔 에너지원으로 삼는 것이다. 이렇듯 젖산이 에너지로 재활용되기 때문에 피로물질이 아니라는 설도 나오게 되었다.

산소가 부족한 상태에서 운동하면 젖산이 쌓이므로 근육이 피로할 때 생기는 물질임에는 틀림없지만, '젖산이 과연 피로물질인가'라는 질문에 답을 하려면 앞으로 진행되는 연구결과를 더 지켜봐야 할 것 같다.

Part 3

인체는 작은 우주

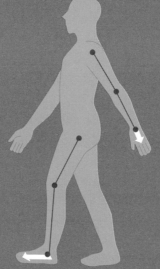

알면 알수록 말하고 싶어지는 인체 이야기 3

왜 '정강이'를 부딪치면 다른 곳보다 더 아플까?

실수로 어딘가에 부딪치면 전신에 전기가 통하듯 무척 아픈 곳이 있다. 바로 '정강이'다. 일본에서는 '벤케이노 나키도코로(弁慶の泣き所: 벤케이가 눈물을 흘리는 부분)'라고 부른다. 이는 괴력의 호걸로 알려진 벤케이조차 이곳을 부딪치면 아파서 눈물을 흘렸다고 하여 정강이를 이렇게 부르게 되었다.

왜 정강이를 부딪치면 못 견디게 아픈 걸까?

그 이유는 단순하다. 정강이에는 쿠션의 역할을 하는 근육과 피하지방이 적기 때문이다. 살찐 사람의 정강이조차 손을 대보면 바로 뼈가 만져진다. 뼈 주변은 골막으로 둘러싸여 있고, 골막에는 신경이 뻗어 있다. 그래서 이곳에 충격을 받으면 그대로 뼈로 전해지고 골막의 신경에 전달되어 엄청난 통증을 느끼는 것이다.

근육이 적은 부분으로 팔꿈치와 복사뼈가 있다. 그러나 이 부분은 힘줄로 감싸여 있고 면적이 적어 정강이만큼 아프지는 않다.

벼락치기한 내용은 왜 머리에 남지 않을까?

시험 전날, 밤새워 벼락치기로 공부한 내용이 시험문제에 나와서 시험을 잘 치른 경험이 있을 것이다.

사실 벼락치기는 꽤 효과가 있다. 하지만 며칠 후에는 당시 공부한 내용을 완전히 잊어버리고 만다. 이처럼 하루나 며칠간의 기억을 '단기기억'이라고 한다.

단기기억은 뇌의 '해마'라는 곳에 일시적으로 저장된다. 이는 장볼 물건을 외우는 것처럼 금세 잊어버려도 좋은 기억이다.

이에 비해 오랫동안 기억하는 것을 '장기기억'이라고 한다. 장기기억은 해마 주변의 기억 회로를 빙글빙글 도는 중에 '대뇌피질'에서 정리되어 기억이 정착해 장기간 저장된다. 주소나 전화번호, 소중한 사람의 생일 등은 '장기기억'이다.

기억 회로를 통해 외웠거나 경험했던 내용을 반복해서 생각해 내는 경우, 즉 기억의 사용빈도가 높을수록 그 기억은 다시금 저장되어 강화된다. 그래서 벼락치기로 생긴 회로는 일정 시간 사용하지 않으면 사라지고 마는 것이다.

그러나 벼락치기로 외운 내용도 정기적으로 복습하면 장기 기억으로 저장된다. 기억력이 좋은 사람은 항상 외운 것을 떠올려 기억의 회로를 활성화시키기 때문에 바로 떠올릴 수 있는 것이다.

화가 나면 정말로 피가 거꾸로 솟을까?

화가 나거나 욱할 때 "피가 거꾸로 솟는다."고 표현한다.

실제로 화내고 있는 사람의 얼굴은 빨개서 정말로 피가 거꾸로 솟은 것처럼 보인다. 그러나 사실은 정반대다. 화를 내면 교감신경이 작용해 뇌에서 아드레날린이라는 호르몬이 분비된다. 에피네프린이라고 불리는 아드레날린은 흥분을 유발해 심장이 쿵쿵 뛰거나 호흡이 가빠지고 근육 등의 말초혈관이 수축해 전신의 혈압을 올린다.

그래서 얼굴은 빨개지지만 뇌 안의 혈액량은 일정하게 유지되며, 이를 '뇌혈류 자동조절능력'이라고 한다.

혈압은 하루에도 여러 가지 원인으로 항상 바뀐다. 혈압이 내려가면 혈관을 확장시켜 뇌혈류를 늘리고, 혈압이 올라가면 혈관을 수축시켜 뇌혈류 상승을 방지한다. 이와 같은 시스템으로 뇌혈류가 일정하게 유지되기 때문에 갑자기 몸을 일으켜도 정신을 잃지 않는 것이다.

욱했을 때 혈압은 오를지 모르지만, 실제로 피가 거꾸로 솟는 일은 없다.

심장은 하트 모양일까?

하트는 심장을 뜻한다. 그런데 심장은 아무리 살펴봐도 하트 모양과는 거리가 있다.

왜 심장은 하트 모양이라는 이미지가 생긴 걸까?

심장에는 심실과 심방이 있는데, 심장을 하트 모양으로 묘사했을 당시에는 심실만 심장이라 여겼다. 심실만 따로 떼어놓고 보면 확실히 하트 모양과 비슷하다.

실제로 15세기에 나온 유럽의 의학서에는 심장이 단순한 하트 모양으로 그려져 있다. 이때는 심방을 정맥의 일부로 생각했었다.

고대 로마의 가장 유명한 의사 갈레노스는 정맥혈이 영양소를 전신에 전달하는 액체라고 여겼다. 장에서 흡수된 영양소는 간으로 이동해 정맥혈이 되어 전신으로 이동했기 때문에 정맥계의 중심은 심장이 아니라 간이라 생각한 것이다.

그리고 우심방도 심장의 일부가 아니라 정맥계의 일부로 간주해 심실만이 심장이라고 주장했다. 이 설은 영국의 해부학자 윌리엄 하비(William Harvey, 1578~1657)가 현재와 같은 정확한 혈액순환을 발견할 때까지 지지를 받았다.

레오나르도 다빈치의 심장 해부도에도 심실만 그려져 있다. 다빈치가 그린 전신 혈관계의 그림도 간을 중심으로 한 갈레노스의 정맥계였다. 판단 기준이 바뀌면 사물을 보는 방법이 180도 바뀐다는 걸 느낄 수 있는 이야기다.

위험할 때는 뇌의 판단을 기다리지 않는다?

뜨거운 것을 만졌거나 압정을 밟았을 때는 재빠르게 손과 발을 떼게 된다.

이때의 반응 속도는 생각보다 훨씬 빠르다.

인간은 행동할 때 외부의 정보가 척수에서 대뇌로 전달되어 뇌에서 내려진 지령이 다시 척수를 통해 손발에 전해진다. 이때 처음으로 손발을 움직이는 행동을 일으킨다.

그러나 뜨겁거나 아플 때는 뇌가 이를 느끼고 지령을 내릴 때까지 기다리다가는 위험으로부터 몸을 지킬 수 없다. 그래서 뜨겁거나 아프다고 느끼기 전에 반응하는 시스템이 몸에 갖춰져 있다. 이것이 '반사'라고 불리는 반응이다.

척수는 전신과 뇌를 잇는 매우 중요한 연락통로지만 빠르게 위험을 피해야 할 때는 척수 자체가 뇌 대신 중추가 되어 작용해 생각하지 않고 바로 몸을 움직이도록 한다.

이는 뇌 대신에 척수가 반응하는 반사이므로 '척수반사'라고 부른다. 압정을 밟았을 때 재빨리 발을 뗄 수 있는 것은 압정을 밟은 자극이 뇌에 전해지기 전에 척수가 명령을 내려 근육을 수축시킨 덕분이다.

넘어졌을 때 재빨리 손을 땅에 짚는 것도 마찬가지다.

물구나무서기를 하며 음식을 먹으면 어떻게 될까?

물구나무서기를 한 채로 식사를 하면 음식은 어떻게 될까? '먹은 음식이 역류한다'고 생각하는 사람이 의외로 많은데, 음식물이 식도를 거쳐 위로 가는 것은 인력에 의해 아래로 내려가는 것이 아니다.

식도는 평평한 근육으로 이루어진 관이다. 음식물이 식도를 통과할 때는 치약의 튜브를 꾹 눌러 짜듯이 식도의 근육이 위에서 아래로 이동하며 수축과 확장을 반복해나간다. 이것을 '연동운동'이라 하며 이런 운동을 통해 음식물을 아래로 내려보낸다. 이때 식도 내벽에서 점액이 분비되어 음식물이 쉽게 통과하도록 돕는다.

따라서 옆으로 누워도 물구나무서기를 해도 음식물은 역류하지 않고 위로 들어간다.

식도에서 위로 가는 입구도 평소에는 근육으로 막혀 있지만 음식물이 위의 입구에 도달하면 반사적으로 열려 음식물이 위로 이동하도록 해준다. 이렇게 위에서의 역류도 막는다.

그렇지만 폭음, 폭식 또는 과식을 하면 일시적으로 위가 소화 불량에 걸려 위 입구가 제대로 열리고 닫히지 않아 먹은 음식이 역류하기도 하는데, 이때 속이 메스껍다고 느끼는 것이다.

정자가 만들어지는 적정 온도는?

인간을 포함한 동물이 아이를 만들기 위해서는 남성(수컷)의 정자와 여성(암컷)의 난자가 필요하다. 먼저 정자가 난자 안으로 들어가 수정하는 것부터 시작한다.

동물의 정자는 정소라는 기관에서 만들어진다. 정소는 샅에 매달려 있는 음낭에 담겨 있다. 인간을 포함한 포유류의 정소는 단단한 피막으로 둘러싸인 공과 같아서 이것을 고환이라 부른다.

개와 고양이 등 포유류의 수컷은 둥근 고환을 갖고 있으며, 몸밖으로 나와 있을 때가 많다. 그러나 포유류 이외의 동물의 정소는 몸 안에 있다.

　남성이라면 고환을 부딪친 경험이 한두 번은 있을 텐데, 이때
의 아픔은 말로 표현할 수 없을 만큼 고통스럽다. 이렇게 아프다
면 음낭에 넣어 몸 밖에 매달아놓기보다 배 안에 집어넣는 편이
안전했을 거라 생각할지 모른다.

　하지만 고환이 몸 밖에 나와 있는 데는 다 이유가 있다. 정소에
서 정자가 자라는 적정온도는 37℃보다 낮은 33~34℃이고, 온
도가 높아지면 정자를 만들기 어렵기 때문이다. 즉, 고환의 온도
를 떨어뜨려야 하므로 몸 밖에 내놓은 것이다.

　정자가 사정되어 몸 밖으로 나오면 37℃에서는 24~48시간밖
에 살 수 없다. 반면 영하 100℃로 얼리면 몇 년 동안 보존할 수
있다.

정자는 왜 많이 만들어질까?

　실제로 수정하는 것은 하나의 난자에 한 개의 정자뿐이
다. 그런데도 정자는 하루에 약 3,000만 개나 만들어진다. 한 번
사정을 할 때마다 방출되는 정자는 1억~4억 개라고 한다. 거의
대부분 쓸데없이 버려지는데도 왜 정자를 이렇게 많이 만드는
걸까?

그 이유는 우수한 정자를 선택하기 위해서다. 생물은 더욱 강하고 우수한 유전자를 남기려고 하는데, 이는 종족을 보전하기 위한 본능이다. 즉, 우리가 세상에 태어난 것은 단 하나의 정자가 몇 억 개나 되는 정자를 밀어내고 승리를 쟁취한 덕분이다.

정자는 올챙이와 비슷한 모양인데, 이것도 어엿한 세포다. 올챙이 머리에 해당하는 부분에는 세포핵이 있는데, 여기에는 아이를 만들기 위한 유전자가 들어 있다.

정자는 꼬리를 흔들면서 매분 1~4mm의 속도로 유영하는데, 고환에서 만들어진 직후에는 전혀 유영하지 못한다. 고환에서

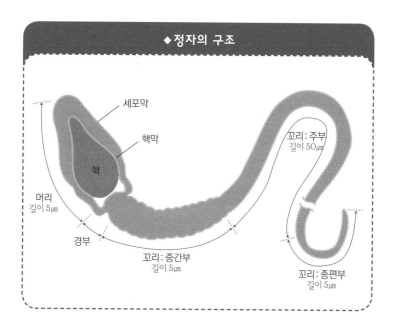

◆정자의 구조

세포막

핵막

핵

머리
길이 5㎛

경부

꼬리: 주부
길이 50㎛

꼬리: 중간부
길이 5㎛

꼬리: 종편부
길이 5㎛

나온 정자는 정관이라는 곳으로 내보내져 그곳을 통과하는 동안 유영할 수 있게 되어 수정 능력을 얻게 된다.

정관 안에서는 몇 주나 살 수 있지만, 사정을 해서 바깥으로 나오면 24~48시간밖에 살지 못한다. 그러므로 이 시간 동안 수정에 성공해야 한다.

여성의 질 내에 들어가서도 자궁 안의 점막과 백혈구 등의 방해를 받아 많은 정자가 죽는다. 이런 난관을 돌파하려면 강해져야만 한다. 이렇게 혹독한 시련을 극복하고 나서야 하나의 난자와 정자가 만난다.

월경은 왜 하는 걸까?

남성이 평생 동안 만드는 정자는 셀 수 없을 정도로 많다. 이에 비해 여성은 일생 동안 난소를 겨우 400개 정도 만든다.

난자는 난소에서 만들어진다. 난소는 자궁의 양쪽에 하나씩 있는 매실 정도 크기의 기관으로 여기서 난자의 기초가 되는 난세포를 키워 매월 하나씩 좌우를 번갈아가며 배란한다.

난세포는 태아기의 초기까지 어느 정도 세포분열을 마치고 원시난포라는 형태로 동면을 시작한다. 신생아의 난소에는 약 80만 개의 원시세포가 잠들어 있는데, 그 많은 세포가 자연적으로 부서져 사춘기에는 약 1만 개가 남게 된다.

사춘기를 맞아 생식능력을 갖춘 여성의 몸은 임신을 하기 위한 준비에 들어간다. 여기서 준비라는 것은 난소에서 난자를 성숙시켜 배란하는 것을 말한다. 약 1만 개의 원시난포 중에서 매월 15~20개가 성숙한 난자가 된다. 그중 하나가 배란되고 나머지는 부서진다.

자궁에서는 수정란이 자궁에 착상하기 쉽도록 자궁내막을 증식해 편안한 쿠션처럼 만들어 태아를 키울 환경을 조성한다.

즉, 자궁은 태아를 키우기 위한 캡슐인 셈이다. 임신하지 않았을 때는 달걀 정도 크기지만 임신을 하면 태아가 성장함에 따라 자궁도 점점 커진다. 임신 말기에는 길이 약 36cm, 무게 약 1kg까지 커진다. 그래서 자궁은 찢어지지 않도록 섬유로 보강되어 있다.

이렇게 자궁내막이 증식되고 난소가 성숙해 배란되어도 임신이 이루어지지 않으면 자궁내막이 벗겨져 출혈과 함께 배출된다. 이것이 '월경'으로 이런 생리현상은 성숙한 여성의 몸에서 주기적으로 이루어진다.

월경 주기는 뇌하수체와 난소에서 분비된 호르몬으로 조절된다.

난자는 손상되기 쉽다

정자는 세포분열을 통해 항상 새롭게 만들어진다. 즉, 항상 신선한 상태이므로 손상될 위험이 적다.

하지만 난자는 태어났을 때부터 갖고 있던 것을 보존해서 사용하기 때문에 손상을 입기 쉬운 환경에 노출되어 있다.

예를 들어 20~30년 살아가는 동안 몸이 아파 X-레이(방사선)를 찍으면 난자가 손상될지 모른다. 방사선은 세포를 손상시키고 돌연변이를 일으키기도 한다. 즉, 비정상적인 세포를 만든다는 의미다.

난자에 이런 현상이 일어나면 수정하기 어려워지거나 수정해도 태아에 이상이 생길 위험이 있다. 그래서 성인 여성이 X-레이 검사를 받을 때는 임신 여부를 확인한다.

또한 나이가 들면서 유전자도 망가질 수 있다. 나이가 많을수록 다운증후군을 가진 아이를 출산할 확률이 높고 유산할 확률도 높다.

그렇지만 오늘날에는 의료기술이 발달함에 따라 고령출산도 안전하게 이루어진다. 모체가 아이를 낳을 수 있는 상태이며 조산해도 태아를 키울 수 있는 의료기술도 갖춰져 있다. 그러나 다운증후군에 관해서는 아직도 대책이 없는 것이 현실이다.

정확한 출산일 계산법

임신해서 출산까지의 기간을 '10개월'이라 말한다. 예를 들어 10월 1일이 출산일이라면 많은 사람이 역산해서 1월 1일경에 수정했다고 생각한다. 특히 남성은 더욱 그렇게 믿는다.

그러나 실제로는 그렇지 않다.

출산 예정일의 계산방법은 마지막 월경 첫날부터 세어 280일이다. 간단히 계산하는 방법이 있는데, '마지막 월경이 있었던 달 빼기 3(뺄 수 없을 때는 더하기 9)'으로 '예정월'을, 그리고 '마지막 월경 날 더하기 7'로 '예정일'을 알 수 있다.

예를 들어 마지막 월경이 1월 1일인 경우, 예정월은 1+9=10월, 예정일은 1+7=8일로 10월 8일이 출산예정일이 된다.

그런데 실제로 수정한 것은 마지막 월경기간 1주일, 그후 배란까지 1주일이 지난 약 2주 뒤인 1월 15일이 된다. 이 2주의 오차가 가끔 큰 문제를 일으키기도 한다.

출산을 경험한 여성은 이 사실을 당연히 알고 있지만, 남성들은 이를 모르는 경우가 많아 오해를 빚는 것이다.

남녀를 나누는 유전자 스위치

남성과 여성의 차이를 해부학적으로 살펴보면 생식기 이외는 같다고 할 수 있다. 태아의 초기로 거슬러 올라가면 남성과 여성의 차이를 전혀 찾아볼 수 없다.

그렇다면 어떻게 남녀로 나뉘게 되는 걸까?

초기의 태아에는 남성과 여성의 생식기 모두를 만들 수 있는 설계도가 담겨 있다. 이를 그대로 놔두면 자동으로 여성이 되지만, 남성으로 바꾸는 스위치가 켜지면 남성이 된다. 이 스위치를 켜는 유전자가 '성염색체'에 있다.

인간의 세포는 핵 안에 유전자를 갖고 있고, 유전자는 '염색체'라는 실 모양의 단백질로 싸여 있다.

인간의 염색체는 46개로 정해져 있으며 그중 44개는 남녀 공통이다. 남은 2개는 '성염색체'로 남성은 X와 Y를, 여성은 X를 두 개 갖고 있다.

남성만이 가진 Y염색체에는 남성(수컷)의 스위치인 'SRY'라는 유전자가 있다. 이 'SRY'의 스위치가 켜지는지에 따라 정소가 될지 난소가 될지가 결정된다.

스위치가 켜져 정소가 생기면, 정소에서는 '남성의 생식기를

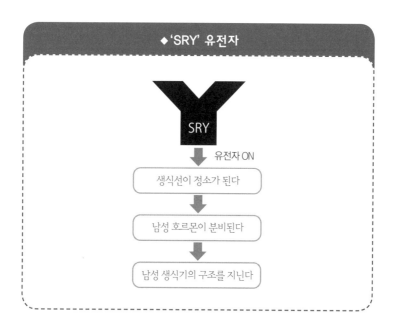

◆ 'SRY' 유전자

Y
SRY

유전자 ON

생식선이 정소가 된다

남성 호르몬이 분비된다

남성 생식기의 구조를 지닌다

발달시키는 남성 호르몬'과 '여성의 생식기가 되는 것을 억제하는 호르몬'이 분비된다.

이렇게 남성이 되고, 남녀의 성별이 나뉘게 된다.

남성 호르몬과 여성 호르몬

남성 호르몬은 남성 생식기를 발달시키는 힘을 갖고 있다. 그러나 여성 호르몬에는 적극적으로 여성 생식기를 발달시킬 힘이 없다. 가슴을 크게 만들기는 하지만 전신에 미치는 영향은 상당히 적다.

실은 여기에도 이유가 있다. 여성 호르몬이 작용해 적극적으로 여성을 만들게 되면 어떤 일이 벌어질지 상상해보자.

우리는 세상에 태어나기까지 약 10개월 동안을 엄마의 뱃속에서 보낸다. 그동안 태아는 엄마가 분비하는 여성 호르몬의 영향을 지속적으로 받는다. '여성 호르몬으로 여성이 만들어지는 시스템'이면 태아는 여성 호르몬을 받은 결과 모두 여성이 되고 만다. 이 세상에 남성이 사라지게 되는 것이다. 따라서 남성 호르몬만이 남성이 되는 힘을 가지게 되었다.

엄마를 보면 태아의 성별을 알 수 있다?

임신 중인 여성을 보고 '얼굴이 남성스러워지면 뱃속의 아이는 남자아이'라고들 한다. 이는 속설로 여겨지는데 어쩌면 진짜일지도 모른다.

이유는 뱃속의 아이가 남자아이면 엄마는 그 아이가 분비하는 남성 호르몬의 영향을 받기 때문이다.

남성 호르몬은 중추신경에 작용하기도 해, 임신 중에는 태아의 남성 호르몬에 의해 중추신경도 영향을 받아 남성적인 성격으로 변할 가능성이 생긴다.

이 속설을 확인하는 방법은 남자아이와 여자아이를 모두 출산한 경험이 있는 여성에게 임신 당시의 느낌이나 몸의 상태, 기분은 어땠는지, 즉 어떤 차이가 있었는지 들어보면 된다.

어떤 변화가 있었는지, 꼭 주변 여성에게 확인해보자.

가장
진화한 내장은
신장기관

바다에서 육지로 올라온 동물의 고민

아득히 먼 옛날에는 모든 생물이 바다에서 생활했다. 그 중 일부 생물이 진화해 육지로 올라와 양서류가 되었는데, 이때 '체액의 염분 농도를 유지하는 방법'이 최대의 과제가 되었다.

따라서 이 문제를 해결하는 과정이 진화에 크나큰 영향을 미쳤다.

우리의 몸은 음식을 먹어 흡수한 영양소를 연소해 에너지로 삼는다. 연소한 영양소는 주로 탄수화물, 지방, 단백질이다.

그중에서 탄수화물과 지방은 탄소, 수소, 산소 원자로 이루어져 있어 연소하면 물과 이산화탄소가 발생한다. 물과 이산화탄소는 우리 몸에 원래 존재하는 것으로 몸에 해롭지 않다.

그런데 단백질은 탄소, 수소, 산소 이외에 질소도 많이 함유하고 있다. 단백질의 가장 작은 단위는 아미노산으로 '아미노'는 '질소를 함유했다'는 의미다.

질소는 공기 성분의 약 80%를 차지하는 물질로, 다른 원소와 반응해 다양한 물질을 만들어낸다. 아미노산뿐만 아니라 암모니아도 만들기 때문에 단백질이 연소하면 대사물질로 암모니아가 발생한다.

생물이 바다에서 생활했을 때는 물에 녹기 쉬운 암모니아가 문제될 것이 없었다. 바로 몸 밖으로 내보내 물에 버리면 그만이었기 때문이다.

그러나 양서류로 진화해 육지에 올라오자 암모니아는 불편한 존재가 되었다. 암모니아에는 독성이 있어 그대로 버릴 수 없었고, 그렇다고 양서류의 몸 안에 쌓아두면 몸에 장애를 일으켰다. 동물은 암모니아를 다른 것으로 변형해 버려야만 했다.

그래서 질소를 요소라는 형태로 만들어 소변 안에 넣어 밖으로 배출했다. 요소는 독성이 적고 물에도 잘 녹아 편리했다.

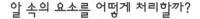

알 속의 요소를 어떻게 처리할까?

진화를 거듭해 어류가 파충류와 조류가 되자 이번에는 요소가 불편해졌다. 알다시피 파충류와 조류는 알을 낳아서 종족을 보존한다.

알 속에서 태아가 자랄 때 '어떻게 요소를 버릴까'라는 문제가 발생했다. 요소의 형태로는 물에 녹아버려 태아의 몸속을 요소가 돌게 된다.

그래서 이번에는 물에 녹기 어렵고 조금 침전하는 물질을 쌓아두었다가 따로 버리는 방법을 택했다.

이때 선택한 물질은 '요산'으로, 파충류와 조류는 요산이라는 형태로 질소 대사산물을 버리고 있다.

그리고 드디어 파충류에서 인간의 선조인 포유류로 진화했다. 포유류는 태아를 엄마의 뱃속에서 키운다. 이렇게 되자 노폐물을 쌓아둘 필요가 사라졌다. 이유는 엄마의 몸을 사용해 처리할 수 있었기 때문이다. 요산으로 만들 필요는 없었지만, 일부러 요소로 되돌아가지 않아도 되었다.

그러나 포유류는 요소를 선택했다. 질소를 요소로 만들어 큰 이점을 얻은 것이다. 그 이점이란 바로 '신장에서 소변을 농축하는 기능'이다. 포유류의 신장은 이 기능을 통해 혈액에 함유된 염분보다 5배나 더 높은 농도의 소변을 만들 수 있게 되었다.

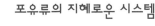
포유류의 지혜로운 시스템

포유류는 왜 소변을 농축할 필요가 있을까?

인간은 음식물에서 물과 염분을 얻는다.

그런데 추운 겨울, 창문에 입김을 불면 흐려지는 것에서 볼 수 있듯이 입김에는 수분이 함유되어 있다. 그리고 더울 때는 땀을 흘린다. 땀에는 염분도 포함되어 있지만 수분이 훨씬 많다.

즉, 몸은 수분을 잃어버리기 쉽고, 그 결과 몸 안의 염분 농도는 높아지기 쉽다. 체액을 조절하기 위해서는 염분을 버려야만 한다.

사실 몸에는 항상 체액의 농도를 일정하게 유지하는 항상성이라는 기능이 있는데, 이를 담당하는 것이 신장이다.

신장은 누에콩과 같은 형태를 띠고 있다. 가장 바깥쪽은 피막으로 싸여 있고 바로 안쪽에는 피질, 더 안쪽에는 수질이라는 조직이 있다. 피질에서는 액체를 여과하고, 수질에서는 여과한 혈액을 농축한다. 신장 표면과 가까운 피질에서 안쪽의 수질 가까이까지 혈액을 여과하는 '사구체'라는 필터가 많이 갖춰져 있다.

요소는 수질 안에 쌓여 있다. 수질에 담긴 물질은 신장의 표면에서 안쪽으로 들어갈수록 농도가 진하다. 여기에 녹아 있는 것은 주로 염분과 요소다.

포유류의 신장에는 소변을 배출하는 집합관이 수질을 관통하

듯 뻗어 있다. 집합관이 수질을 통과할 때 주변의 높은 삼투압으로 수분이 빠져나와 소변이 농축된다.

'삼투압'은 '농도가 낮은 쪽에서 높은 쪽으로 물질이 이동하는 현상'이다. 수질에서는 높은 삼투압을 만들기 위해 높은 염분 농도와 요소를 이용한다. 따라서 소변을 농축할 수 있는 것은 수질을 가진 포유류뿐이다.

요소는 단백질을 연소하면 반드시 발생한다. 포유류는 꼭 버려야 하는 요소를 소변으로 버리기 전에 소변을 농축하는 실로 현명한 시스템을 만들어낸 것이다.

바다거북은 눈을 통해 염분을 배출한다

수분과 염분을 신장이 조절하는 동물은 포유류뿐이다. 조류에게는 아주 작은 수질이 있고, 다른 동물에게는 신장에 수질이 없어 신장에서 염분을 버릴 수 없다.

그렇다면 다른 동물은 어떻게 염분을 배출하고 있을까?

바닷새를 살펴보면, 코 안에 염분을 버리는 샘이 있는데, 이 샘에서 염분을 배출한다. 그리고 바다거북은 눈으로, 상어는 항문에 염분을 버리는 샘이 있다. 어류는 아가미를 통해 염분을 버린다.

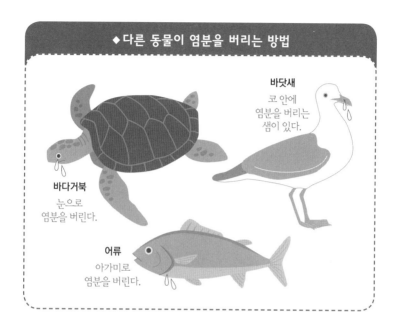

◆다른 동물이 염분을 버리는 방법

바닷새
코 안에
염분을 버리는
샘이 있다.

바다거북
눈으로
염분을 버린다.

어류
아가미로
염분을 버린다.

　어류는 원래 바다에서 생활했으니 바닷물과 신체의 염분 농도가 똑같아 조절할 필요가 없다는 생각이 들 것이다. 하지만 해수의 평균 염분 농도는 35‰(퍼밀)로 상당히 높아 대부분의 물고기와 동물은 염분을 몸 밖으로 버림으로써 바닷물보다 염분 농도를 낮게 유지한다.

　이와는 반대로 강이나 호수와 같은 담수에서 사는 물고기와 여타의 동물들은 염분 농도가 낮아 주변에서 염분을 흡수한다. 여기서 가장 곤란한 것은 바닷물과 담수를 왕래하는 물고기다. 연어나 장어는 염분을 버리거나 다시 흡수해야 하기 때문에 다른 어류보다 내장 기능이 발달했다.

그리고 이와는 조금 다른 연골어류인 상어와 홍어는 몸의 삼투압이 바닷물과 거의 비슷하다. 상어와 홍어는 염분 농도를 높이지 않고 체액에 많은 요소를 담아 삼투압을 높인다.

상어와 홍어가 부패할 때 자극적인 냄새가 나는 이유도 요소가 암모니아로 변하기 때문이다.

이처럼 많은 생물이 염분을 조절해 체액의 항상성을 유지한다. 특히 포유류는 소변을 농축하는 고성능 신장을 지녔으므로 여유롭게 수분과 염분을 조절할 수 있게 되었다.

하지만 이것만으로는 소변을 농축하는 이유가 불충분하다. 다른 이유로는 혈액을 여과한 후 남은 성분 대부분을 요세관에서 재흡수하기 위해 여과량을 많이 늘릴 필요가 있기 때문이다. 그렇다면 왜 여과량을 늘려야 할까?

신장은 하루에 약 200L의 혈액을 여과한다. 하지만 요세관을 통과하는 사이에 99%를 재흡수해 혈액에 되돌린다. 따라서 만들어진 소변의 양은 200L의 1% 이하인 '1.5L' 정도다.

200L를 여과해 99%를 재흡수하는 '2단계 방식'은 효율적이지 못하고 쓸데없는 기능으로까지 여겨진다. 하지만 결과적으로는 소변의 양과 성분을 조절하는 능력이 매우 우수하다는 걸 알 수 있다.

예를 들어, 소변의 양을 5배로 늘리는 것은 무척 힘든 일이다. 그러나 2단계 방식이라면 99% 재흡수되는 소변을 95%만 흡수하면 된다. 즉, 1%의 소변을 5%로 바꾸는 것이다. 재흡수되는 양을 조금만 조절하면 소변의 양과 성분의 균형을 유지할 수 있다.

이렇게 시시각각 변하는 몸 상태에 맞춰 소변의 양을 늘리거나 줄이고, 진하게 만들거나 연하게 만들어 항상성을 유지한다.

신장이 변함에 따라 다른 장기도 변했다

포유류는 육지에서 생활하기 위해 신장이 진화했다. 하지만 육지에서 무리 없이 살아가려면 신장만 변해서는 제대로 기능할 수 없어 몸 전체가 함께 진화했다.

먼저 신장에서 혈액을 여과하려면 높은 압력이 필요하다. 포유류는 다른 동물보다 혈압이 높은데, 이는 신장의 기능이 복잡하기 때문이다.

인간의 심장은 좌우 펌프가 벽을 사이에 두고 완전히 분리되어 있는 '이심방 이심실'이다. 체순환과 폐순환이 분리되어 있어 동맥혈과 정맥혈이 섞이지 않고 체순환의 혈압을 높일 수 있다.

그러나 양서류 등은 '이심방 일심실'이라 동맥혈과 정맥혈이 섞여 체순환과 폐순환의 혈압이 똑같다. 즉, '체순환과 폐순환의 분리'야말로 양서류에서 포유류로 진화한 것을 뜻하며, 체순환의 혈압을 높이는 진화를 뜻하기도 한다.

또한 혈액을 여과하기 위해서는 신장의 여과장치인 수질에 둘러싸인 사구체의 혈관벽도 얇아져야 한다. 혈관벽이 두꺼우면 여과한 성분을 밖으로 걸러낼 수 없기 때문이다. 벽이 얇은 혈관에 높은 압력을 가하려고 풍선을 부풀리듯 장력(잡아끄는 힘)이 작용한다.

장력의 크기는 혈관의 직경에 비례해 혈관의 두께가 두 배가 되면 혈관벽의 장력도 커진다. 따라서 사구체의 혈압을 높여 혈관벽을 얇게 만들려면 혈관을 가늘게 만들어야 한다.

이런 이유로 포유류 신장에 분포된 사구체의 모세혈관은 가늘며 그곳을 흐르는 적혈구도 다른 동물에 비해 작다.

이와 같이 신장도 적혈구의 크기도 개선된 결과, 소변을 농축하는 신장이 탄생했다. 내장 중에서 가장 진화한 장기는 역시 신장이라 할 수 있다.

머리는 감각기관이 모인 특별한 곳

뇌는 전신의 모든 기관을 조정하는 사령탑이다.

뇌가 제대로 기능하지 않으면 다른 기관도 기능하지 못해 '진화과정에서 처음으로 생긴 것은 뇌'라고 생각하기 쉽다.

하지만 뇌의 발달과정을 뇌신경으로 살펴보면, 먼저 감각기관이 생겼고 그후에 뇌가 생겼다는 것을 알 수 있다.

인간뿐만 아니라 척추동물(등뼈를 가진 동물)은 모두 형제다.

척추동물의 머리 부분에는 공통적으로 '눈'과 '코'와 '귀'와 '입'이 있는 '얼굴'이 있다. 입은 소화기관의 입구이지만, 다른 기관은 모두 감각기관이다. 이들 부분이 모여 있으면 '얼굴'이라고 인식한다.

고양이와 개의 '얼굴'도 알 수 있고, 코끼리처럼 코가 길어도 '얼굴'이라는 것을 알 수 있다. 즉 눈, 코, 귀, 입이 있는 얼굴은 척추동물의 공통된 요소로 이것이 머리를 만드는 요인이라는 걸 알려준다.

신체 중 머리 이외의 부분에는 눈도 코도 귀도 입도 없으니 머리는 감각기관이 모인 특별한 곳이라 할 수 있다.

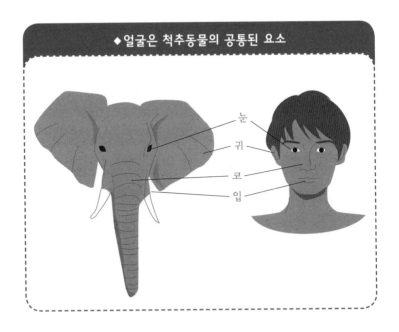

◆얼굴은 척추동물의 공통된 요소

눈
귀
코
입

뇌는 자극에 대응한다

실제로 진화과정을 살펴보면 목에서 몸이 이어진 부분의 가장 앞부분에 먼저 눈과 코와 귀와 입이 생겼다. 원래 입은 '소화기관의 입구'로 존재했었기 때문에 감각기관이 더해졌다고 할 수 있다.

몸 앞면에 감각기관을 모아놓으니 중추신경계 앞쪽 끝부분에 감각기의 정보를 받는 곳이 생겼다. 감각의 자극이 흘러들어오기 때문에 그 정보를 처리하기 위해 중추신경계의 앞쪽이 부풀어오르기 시작했는데, 그것이 바로 뇌다.

따라서 뇌는 몸 앞쪽(인간의 경우에는 위쪽)에 감각기관을 모아, 그 정보를 처리하기 위해 생겼다고 할 수 있다.

뇌는 자극을 받으면 그에 대응하기 위해 발달한다. 갓 태어난 아기도 주변에서 다양한 자극을 받아 뇌를 성장시킨다. 실제로 눈을 감긴 채 키운 고양이는 어느 정도 자란 후에 눈을 떠도 물체를 볼 수 없다. 이는 뇌의 시각을 발달시키는 부분이 성장하지 않았기 때문이다.

감각 자극을 받을수록 몸 앞쪽 부분이 커져 뇌가 된 것이다. 이것이 뇌가 생긴 유래다.

인간에게는 아가미의 흔적이 있다

인간의 몸에 머리가 있는 이유는 감각기관과 관련되어 있기 때문만은 아니다. 아가미의 존재도 뇌를 만드는 매우 중요한 이유였다.

6억 년 전으로 거슬러 올라가보자.

우리의 선조는 물고기와 같은 형태로 물속을 헤엄쳐 다녔다. 그 몸이 6억 년이라는 시간에 걸쳐 인간의 몸으로 진화해왔다. 물고기였을 때 지느러미였던 부분이 그대로 손과 발이 되었다.

그렇다면 호흡기관이던 아가미는 무엇으로 변했을까?

초기의 태아 크기는 5mm 정도인데, 그 모습을 자세히 들여다보면 얼굴과 목 주변, 목에 해당하는 부분에 동글동글한 것이 늘어서 있다. 이는 인간뿐만 아니라 물고기의 새끼에서도 볼 수 있다.

경단 같은 것이 성장하면 물고기의 경우 아가미가 된다. 즉, 태아의 목 주변의 경단은 아가미가 될 예정이었다.

그러나 인간은 아가미로 사용하던 것을 진화 과정에서 다른 용도로 바꿔 사용했다.

아가미에는 신경과 혈관이 뻗어 있었는데, 지금은 이렇게 아가미로 뻗어야 할 신경이 뇌신경의 일부로 사용되고 있다.

뇌에는 12개의 뇌신경이 뻗어 있다. 그중 3개는 감각기관인 눈과 코와 귀로 뻗어 있고, 남은 9개 중에서 5개가 아가미로 뻗어갈 신경으로 안면신경, 삼차신경, 설인신경, 미주신경 그리고 미주신경에 부속된 부신경이다.

남은 4개 중 3개는 눈동자를 움직이는 신경이고, 남은 하나도 혀를 움직이는 신경으로 모두 머리와 얼굴에 집중되어 있다.

즉, 뇌신경은 뇌를 발달시킨 감각기관으로 뻗어 있는 신경과 아가미로 뻗을지도 몰랐을 신경, 그리고 근육을 움직이기 위해 존재했던 신경으로 구성되어 있다고 할 수 있다.

이처럼 뇌신경을 살펴보면 머리가 감각기관과 아가미로 이루어졌던 인간의 역사를 알 수 있다.

인간도 예전에는 물고기처럼 아가미를 가졌었구나!

인큐가
직립보행을
하게 된 이유는

 인간은 뛰어난 엄지손가락을 가졌다

엄지손가락을 사용하지 않고 단추를 채우거나 책장을 넘겨보자.

할 수는 있지만 시간이 걸려서 불편함을 느낄 것이다. 이처럼 엄지손가락의 역할은 무척 중요하다.

인간의 손은 엄지손가락을 손바닥과 마주보는 대립한 상태로 구부릴 수 있어 힘을 주어 물건을 집을 수 있다. 이와 같은 구조는 인간의 손에서만 볼 수 있는 특징이다.

원숭이를 비롯한 다른 동물의 엄지손가락은 손바닥과 마주보지 않는다. 인류는 엄지손가락을 진화시켰기 때문에 제대로 물건을 집을 수 있고 따라서 도구를 쓸 수 있게 되었다고 해도 과언이 아니다.

인간의 엄지손가락은 매우 특별한 구조로 되어 있다. 먼저 엄지손가락의 밑동 관절은 손가락을 잇는 부분을 열거나 닫는 등두 방향으로 움직일 수 있다. 게다가 엄지손가락을 움직이는 데쓰이는 근육이 8개나 붙어 있다. 그중 4개가 손바닥에, 1개는 아래팔의 앞쪽으로 구부리는 쪽에, 남은 3개는 아래팔 뒷면의 늘리는 쪽에 붙어 있다. 여기에 힘을 주면 튀어나오기 때문에 알수 있을 텐데, 힘줄도 세 개나 있다.

포유류 가운데 인간만이 이렇게나 복잡한 구조를 지닌 엄지손가락을 가졌다. 원숭이는 아래팔에서 나온, 엄지손가락을 굽히는 근육이 다른 손가락을 굽히는 근육과 붙어 있다. 그래서 '엄지손가락이 독립적으로 움직일' 수 없다.

원숭이에서 진화해가는 동안 엄지손가락의 형태가 점차 만들어졌고, 인류가 되었을 때는 '엄지손가락과 손바닥의 마주보기'가 가능해져 큰 발전을 이뤘다.

직립보행을 위해 다리가 진화했다

인간은 손만 특별히 진화하지 않았다. 손으로 물건을 집으려면 보행의 역할을 하고 있던 손을 자유롭게 움직일 수 있도록 해야 했다.

개나 고양이처럼 보행할 때 손을 사용하는 동안에는 진화할 수 없다. 인간이 직립보행으로 걷기 시작하면서 보행 중에 손을 사용하지 않게 되자 손에 물건을 집는 새로운 역할이 주어졌다. 그리고 다리는 몸을 지지하기 위해 걷거나 달려도 균형을 잃지 않도록 발달했다.

그리고 선 채로 등을 곧게 폈더니 무거운 머리도 적은 힘으로 균형감 있게 지지할 수 있도록 신체구조가 바뀌었고, 그 덕에 뇌도 커졌다.

직립보행으로 특히 형태가 변한 것은 엉덩이 쪽이다. 골반과 고관절, 엉덩이의 근육이 유인원과 많이 다르다.

인간은 침팬지 등과 비교해 엉덩이 근육이 발달되어 볼록하다. 이는 '차렷' 자세를 유지하기 위해서다. 또한 엉덩이 근육은 골반 뒷면에서 넙다리뼈(허벅지 뼈, 대퇴골)의 뒷면까지 뻗어 있어 고관절을 쭉 펴고 넙다리뼈를 고정시켜 걸을 때 지면에 닿은 발 위로 몸을 끌어올릴 수 있게 되었다.

골반의 형태도 복부 내장의 받침대로서 중력에 의해 내장이 아래로 내려가는 것을 막기 위해 크게 좌우로 펼쳐져 있다.

이처럼 직립보행이 가능해진 인간은 이에 대응해 골격과 근육을 크게 변화시켰다.

인간의 다리는 180도 비틀렸다?

인류는 직립보행이 가능해진 후 고관절을 곧게 폄으로써 네발 동물과는 반대 방향으로 손발이 붙게 되었다.

파충류는 배를 지면에 붙이기 때문에 팔다리가 '몸의 양옆'으로 나와 있다. 그러던 것이 포유류로 진화하자 손발을 몸 아래로 넣어 배를 지면에서 떨어트렸다.

이때 손은 '팔꿈치의 튀어나온 쪽이 뒤로' 가도록, 발은 '무릎의 튀어나온 쪽이 앞으로' 오도록 회전했다. 그런데 손가락과 발가락 끝은 원래 팔꿈치나 무릎과 같은 방향을 향해 있다. 다리는 괜찮지만 이대로는 손가락 끝이 뒤를 향하게 된다.

그래서 포유류는 아래팔(손목에서 팔꿈치까지)의 두 뼈를 180도 비틀어 손가락 끝이 앞으로 오도록 진화했다.

인류는 직립보행을 하게 되는데, 이때 재밌는 일이 일어난다.

다음 쪽의 그림을 보자. 곰과 같은 포유류의 손발은 옆을 향하지 않고 앞뒤를 향해 있다. 팔꿈치와 무릎은 앞뒤가 반대로, 앞다

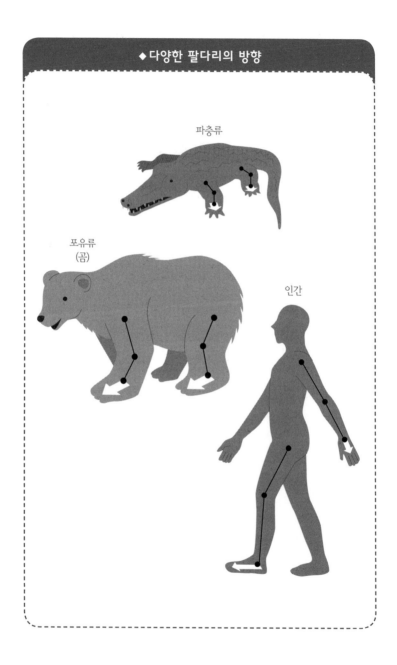

파충류

포유류
(곰)

인간

리의 무릎은 뒤를 향해 나왔고 들어간 쪽이 앞을 향해 있다. 그리고 등은 위를 향해 있고, 허벅지의 앞부분도 위를 향해 있다. 그러나 두 발로 서면 등이 뒤를 향하게 되고 허벅지의 앞부분도 반대 방향을 향하게 된다. 즉, 지금까지 배를 향해 있던 허벅지의 전면은 고관절이 펴지면서 등 쪽을 향하게 되었다. '인간의 다리는 180도 비틀려 앞뒤의 방향이 바뀐 것'이다.

인간이 선 자세를 보면 팔은 앞부분으로 구부러지도록, 다리는 허벅지의 앞부분으로 구부러지는 것이 아니라 펴지도록 되었다. 즉, 반대쪽으로 향하는 현상이 일어난 것이다.

실제로 신경을 살펴봐도 뒤쪽과 앞쪽이 바뀐 것을 알 수 있다. 뒤쪽의 신경은 앞쪽에 있는 다리를 펴는 근육으로 향해 있고, 앞쪽의 신경은 뒤쪽의 다리를 굽히는 신경으로 향해 있다.

이처럼 근육과 신경의 형태에서도 진화의 흔적을 발견할 수 있다.

직립보행에 관한 새로운 학설

인류는 왜 직립보행을 시작한 것일까?

오랫동안 인류학자가 주장한 내용은 '기후변화로 산림이 줄어들었고, 그렇게 개방된 곳을 장거리로 이동해야 했기 때문에 효율적인 직립보행을 택했다.'라는 것이다.

그런데 2012년 3월 20일, 미국의 학술지인 『커런트 바이올로지(Current Biology)』에 "귀중한 자원을 한 번에 많이 옮기기 위해 직립보행을 하게 되었다."라는 새로운 학설이 실렸다. 교토대학 영장류 연구소의 마쓰자와 데쓰로(松沢哲郎) 소장이 이끌고 있는 국제팀이 발표한 것이었다.

기사를 읽어보면 "야생 침팬지에게 평소에 먹던 기름야자(oil palm) 열매와 평소에 먹을 수 없는 귀중한 콜라너트(cola nut)를 주고 먹는 모습을 관찰했다."라는 내용이 나온다.

그 결과 기름야자 열매만 줬을 때 침팬지는 동료들과 나눠 먹었다. 그런데 콜라너트를 조금 섞어서 줬더니 양손과 입으로 콜라너트만 줍고 나서는 두 발로 서서 동료들에게서 떨어진 곳으로 이동했다고 한다.

그리고 직립보행을 하는 빈도가 기름야자 열매만 줬을 때보다 4배나 많아졌다고 한다.

즉, 침팬지들은 콜라너트를 귀중한 자원이라 생각하고 확보하기 위해 직립보행을 했다는 것이다.

여러 가지 설들 가운데 과연 우리의 선조가 직립보행을 하게 된 진짜 이유는 무엇이었을까?

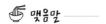 맺음말

인체의 수수께끼를 아는 것이
나 자신을 이해하는 첫걸음이다

인체라는 작은 우주를 여행한 기분이 어떤가?

이 책을 전철 안에서 읽은 사람도 있을 것이다. 전철이 아무리 흔들려도 제대로 책을 읽을 수 있는 것은 눈의 '손 떨림 방지 기능' 덕분이다(117쪽 참조).

평소에 아무 생각 없이 사용하던 인체의 시스템도 이 책을 읽은 다음에는 마치 다른 세계처럼 보일 것이다.

우리의 생명과 건강을 지켜주는 몸의 정밀한 메커니즘과 그 복잡한 움직임에 다시금 놀라워하며 감동한 사람도 있을지 모른다.

인체의 각 기관은 매우 중요한 역할을 하며 각각 존재하는 이유가 있다. 어느 것 하나 쓸모없는 기관이 없을 만큼 세련된 최고의 걸작이다.

이렇게 생각하면 살아 있는 것, 건강한 것 자체가 기적이며 한 사람 한 사람이 더 없이 소중한 존재라는 것을 다시금 깨달을 수 있을 것이다.

우리는 인체에 대해 관심을 가져야 하는 시대에 살고 있다.

한 세대 전만 해도 대부분의 사람들이 몸이 아파서 진찰을 받을 때면 치료는 의사에게 맡기는 것이라 생각했다. 이는 의학 지식이 없어 스스로 판단할 수 없었기 때문이다.

그런데 현대에 들어서 의사는 다양한 데이터를 환자에게 보여주면서 설명한다. 환자 본인이 치료법을 선택할 수 있는 시대가 된 것이다.

자신의 몸을 지키려면 최소한 어디에 어떤 장기가 있고, 그 장기는 어떤 구조이며 어떤 작용을 하는지 알아야 한다.

의학이라고 하면 어렵게 느껴지지만, 인체라는 작은 우주의 수수께끼를 가까운 현상으로 풀어나가는 것이 자신을 알아가는 것으로 이어진다.

아직도 인체는 모르는 것이 무궁무진하게 많다. 현대 과학으로도 아직 모든 것이 밝혀지지 않았다. 그만큼 신비로운 것이 인체다.

　이 책이 더욱 자신의 몸에 관심을 기울이게 되는 계기가 되기를 바란다.

사카이 다츠오

참고문헌 ────

- 사카이 다츠오 저, 『혈액 6,000킬로미터의 여행(血液6,000キロの旅)』, 고단
  샤 센쇼메치에(講談社選書メチエ).

- 사카이 다츠오 저, 『인체로 진화를 말한다(人体は進化を語る)』, 뉴턴 프레스
  (ニュートンプレス).

- 사카이 다츠오 저, 『도해입문 쉽게 이해하는 해부학의 기본과 구조(図解入門
  よくわかる解剖学の基本としくみ)』, 슈와 시스템(秀和システム).

- 사카이 다츠오 저, 『신비한 몸 누구나 이해하기 쉬운 해부생리학(からだの不
  思議 だれでもわかる解剖生理学)』, 메디컬 프렌드 사(メヂカルフレンド社).

- 사카이 다츠오 저, 『일러스트 도해 인체의 구조(イラスト図解 人体のしく
  み)』, 니혼지쓰교 출판사(日本実業出版社).

- 사카이 다츠오 저, 히사미쓰 다다시(久光正) 감수, 『이해하기 쉬운 뇌 사전(ぜ
  んぶわかる脳の辞典)』, 세비도 출판(成美堂出版).

- 사카이 다츠오, 가와하라 가쓰마사(河原克雅) 총 편집, 『컬러 도해 인체의 정
  상구조와 기능(カラー図解 人体の正常構造と機能)(전 10권 축쇄판)』, 일본
  의사 신보사(日本医事新報社).

- 시바타니 아쓰히로(柴谷篤弘), 나가노 케이(長野敬), 요로 다케시(養老孟司)
  편, 『강좌 진화4 형태학으로 본 진화(講座進化4 形態学からみた進化)』, 도쿄
  대학 출판회(東京大学出版会).

재밌어서 밤새 읽는
인체 이야기

1판 1쇄 발행 | 2014년 7월 25일
1판 12쇄 발행 | 2024년 5월 29일

지은이 | 사카이 다츠오
옮긴이 | 조미량
감수 | 정성헌

발행인 | 김기중
주간 | 신선영
편집 | 백수연, 민성원
마케팅 | 김신정, 김보미
경영지원 | 홍운선
펴낸곳 | 도서출판 더숲
주소 | 서울시 마포구 동교로 43-1 (04018)
전화 | 02-3141-8301~2
팩스 | 02-3141-8303
이메일 | info@theforestbook.co.kr
페이스북 | @forestbookwithu
인스타그램 | @theforest_book
출판신고 | 2009년 3월 30일 제2009-000062호

ISBN 978-89-94418-75-9 03470